国家自然科学基金项目（52004202）

抛掷爆破－拉斗铲倒堆工艺参数优化理论

肖双双　李克民　张永贵◎著

中国矿业大学出版社

·徐州·

内容提要

本书系统介绍了抛掷爆破-拉斗铲倒堆工艺的发展背景、技术特征,抛掷爆破-拉斗铲倒堆工艺基本定律,拉斗铲作业工作面参数优化方法,抛掷爆破参数智能设计方法,高台阶参数多目标优化模型,以及拉斗铲倒堆工艺系统可靠性优化理论等相关内容。

本书可供从事煤矿设计、科研和生产管理方面的工程技术人员参考,也可作为相关高等院校师生参考用书。

图书在版编目(CIP)数据

抛掷爆破-拉斗铲倒堆工艺参数优化理论 / 肖双双,李克民,张永贵著. — 徐州 : 中国矿业大学出版社,2023.10

ISBN 978 - 7 - 5646 - 6006 - 2

Ⅰ. ①抛… Ⅱ. ①肖… ②李… ③张… Ⅲ. ①煤矿开采－露天开采－爆破抛掷－边坡稳定－研究 Ⅳ.①TD824

中国国家版本馆 CIP 数据核字(2023)第 201216 号

书　　名	**抛掷爆破-拉斗铲倒堆工艺参数优化理论**
著　　者	肖双双　　李克民　　张永贵
责任编辑	满建康
出版发行	中国矿业大学出版社有限责任公司
	(江苏省徐州市解放南路　邮编 221008)
营销热线	(0516)83885370　83884103
出版服务	(0516)83995789　83884920
网　　址	http://www.cumtp.com　**E-mail**:cumtpvip@cumtp.com
印　　刷	徐州中矿大印发科技有限公司
开　　本	787 mm×1092 mm　1/16　**印张** 10.5　**字数** 206 千字
版次印次	2023 年 10 月第 1 版　2023 年 10 月第 1 次印刷
定　　价	40.00 元

(图书出现印装质量问题,本社负责调换)

前　言

抛掷爆破技术可将露天煤矿高台阶内 $30\%\sim65\%$ 的剥离物直接抛掷到采空区，无须再进行采掘、运输、排弃作业。拉斗铲可独立完成剥离物的采掘、运输和排弃三项作业，将剥离物直接倒堆至内排土场。抛掷爆破技术与拉斗铲倒堆工艺结合使用可减少露天煤矿的作业环节和生产设备数量，大幅提升露天煤矿的生产能力，降低剥离费用。因此，抛掷爆破-拉斗铲倒堆工艺在国外露天煤矿得到了广泛的应用。

我国相当多的露天煤矿具有采用抛掷爆破-拉斗铲倒堆工艺的条件，但由于该工艺对爆破质量要求较高、对采煤工艺影响较大、系统可靠性难以保证、生产设计和组织管理难度大，导致目前国内仅黑岱沟露天煤矿应用此工艺。

针对以上问题，本书围绕抛掷爆破-拉斗铲倒堆工艺参数优化设计，揭示了抛掷爆破-拉斗铲倒堆工艺基本定律，分析了拉斗铲生产效率与作业平台高度、作业平台宽度之间的定量函数关系，建立了拉斗铲作业平台参数非线性规划模型，提出了拉斗铲作业平台高度动态调整方法，给出了基于加权聚类分析的抛掷爆破智能设计方法，构建了抛掷爆破台阶参数的多目标优化模型，提出了拉斗铲倒堆工艺系统可靠性、可靠性测度的概念，建立了拉斗铲倒堆工艺系统的可靠性优化理论模型。

本书第 1 章由肖双双、李克民、张永贵共同撰写，第 2、3、4、5、6 章由肖双双撰写，全书由李克民统稿定稿。

本书内容的研究工作与出版得到了国家自然科学基金项目（编号：52004202）的资助。

　　本书在编写过程中得到了西安科技大学采矿工程系、中国矿业大学露天开采工程系各位老师的指导,同时获得了黑岱沟露天煤矿、哈尔乌素露天煤矿各位领导及工程技术人员的帮助,在此一并致以诚挚的谢意。

　　由于作者水平所限,书中难免存在不足之处,敬请读者批评指正!

作　者

2023 年 9 月

目　　录

1　绪　　论

1.1　抛掷爆破-拉斗铲倒堆工艺发展历程

1.1.1　抛掷爆破技术发展历程

国外早在20世纪60年代初期,尝试使用了深孔抛掷爆破剥离技术,但由于推广应用效果不佳,该技术没有得到进一步的研究发展。20世纪80年代初,美国、澳大利亚等国的露天煤矿面临剥采比增大、剥离费用升高、煤价下跌等情况,它们采用各种方法来降低剥离费用,最终发现深孔抛掷爆破可以利用炸药将30%～65%的剥离物直接抛掷到采空区,无须进行二次剥离,使剥离费用降低30%以上。此外,抛掷爆破能够减少露天煤矿采运设备的数量、增大经济剥采比和境界剥采比、扩大露天开采的有效范围。因此,国外露天煤矿在单一水平煤层、多煤层、倾斜煤层等多种条件下广泛试验采用此技术,并形成了抛掷爆破-拉斗铲、抛掷爆破-单斗挖掘机-卡车、抛掷爆破-推土机等各种剥离工艺。

经过几十年的应用,国外露天矿山积累了大量的现场应用经验。目前国外露天矿山抛掷爆破主要使用铵油和重铵油炸药,根据美国阿巴拉契亚矿山抛掷爆破的生产实践,抛掷爆破的炸药单耗一般不超过0.77 kg/m³。阿波洛尼娅(D'Appolonia)通过观测统计分析,给出了建议的抛掷爆破炸药单耗为0.63～0.65 kg/m³。

在抛掷爆破参数设计方面,国外学者研究了孔距、排距、最小抵抗线等参数的确定方法,分析了各参数对爆破效果的影响。格里波(Grippo A P)提出了根据最小抵抗线与炮孔的线装药密度或炮孔直径的关系计算确定抛掷爆破最小抵抗线的方法。基罗尼斯(Chironis N P)在德拉穆德(Drummoud)矿生产统计中发现,利用倾斜炮孔,可提高抛掷量和抛掷距离。鲍里斯(Boris J K)经过对垂直孔和倾斜孔的试验研究,认为采用倾斜炮孔可以提高炸药能量的有效利用,改善破碎效果和提高有效抛掷率,增加抛掷距离,使台阶更加稳定,并能减少钻孔费用。

国内冯叔瑜院士较早提出了深孔微差抛掷爆破的概念,根据工程实践总结了深孔微差抛掷爆破规律,提出了微差抛掷爆破参数的确定方法。潘井澜首次向国内介绍了北美露天煤矿开采中抛掷爆破技术的应用情况和主要经验,阐述了抛掷率的定义,总结了抛掷爆破的三个基本要素。2007 年,黑岱沟露天煤矿实施了国内露天煤矿的首次抛掷爆破并取得成功。

目前,国内在抛掷爆破岩石抛掷机理方面主要研究了抛掷速度和抛掷堆积规律。张奇利用数值模拟提出了岩块抛掷初速度的确定方法,研究了岩块抛掷初速度的分布规律,分析了抛掷初速度与炸药单耗等参数之间的关系。高荫桐研究了平面药包和群药包定向爆破筑坝布药间距与抛掷堆积规律,证实了抛掷距离与最小抵抗线成正比关系。李胜林通过高速摄影测量,分析了高台阶抛掷爆破抛掷速度规律。汪义龙等建立了高台阶抛掷爆破的相似试验模型,推导了相似常数;在实验室进行了单孔抛掷爆破试验,观测了台阶爆破漏斗形成过程,分析了抛掷速度及分布规律。

国内在硐室爆破抛掷堆积规律的计算方面积累了丰富经验和较为成熟的计算方法,常用的方法是体积平衡法、分散弹道法和整体弹道法。而高台阶抛掷爆破中抛掷堆积的预测一直是较难解决的问题。爆破工作者进行了一些相关研究,如于亚伦提出了弹道理论的分条方法及抛掷轨道的计算公式,同时将Weibull 概率分布函数成功地引入爆堆形态的分布计算中。李祥龙在总结、分析大量的现场生产试验数据的基础上,提出了高台阶抛掷爆破爆堆形态的分类,建立了高台阶抛掷爆破爆堆形态的 Weibull 模拟模型,并建立了抛掷爆破效果预测的 BP 神经网络预测模型。周伟建立了有效抛掷率离散模型和抛掷速度反演模型,通过扫描爆破前后倒堆台阶,对露天煤矿抛掷爆破有效抛掷率进行了有效预测。刘希亮完善了 BP 神经网络预测抛掷爆破有效抛掷率的建模流程,建立了基于遗传算法优化的支持向量机模型,用于预测抛掷爆破有效抛掷率。丁小华运用非线性理论分析得到抛掷爆破效果的主要影响因子,以影响因子和样本作为预测的基础,运用聚类分析、回归分析、线型插值等方法预测爆堆形态、有效抛掷率和爆堆松散系数。刘干选取抛掷爆破台阶高度、炸药单耗、底盘抵抗线、孔距、排距、煤层厚度等参数,建立了有效抛掷率广义回归神经网络预测模型。

在抛掷爆破参数设计方面,目前国内多根据现场试验、经验公式等提出相关的设计方法。边克信综合国内外的有关资料,借鉴集中药包的设计方法,通过现场试验研究提出了条形药包抛掷爆破参数的设计计算方法,给出了推荐的装药量设计计算公式、条形药包条间距和层间距的经验计算公式和其他参数的选取方法。张幼蒂介绍了抛掷爆破技术的应用和发展,对剥离段高、采宽及剥离工作线长度的影响因素及合理确定进行了系统分析。李克民系统研究了采用理论结合经验公式的常规计算方法和 D′Appolonia"图解法"模型确定抛掷爆破参数的过程及优化方法。

抛掷爆破效果受工程地质条件、爆破技术条件、现场施工质量等诸多因素的影响。为改善抛掷爆破效果,李祥龙研究分析了台阶高度、炸药单耗、最小抵抗线、孔距、排距及炮孔密集系数对抛掷爆破效果的影响规律,提出了适合黑岱沟露天煤矿抛掷爆破参数设计的合理化建议及参数选择计算方法。孙文彬以 MIV 值为评价依据,研究了抛掷爆破台阶高度、采宽、平均炸药单耗、煤层厚度、最小抵抗线、孔距、排距等参数对抛掷距离、有效抛掷率和松散系数的影响权重。马力推导了抛掷距离与炮孔倾角及炸药单耗的关系式,描述了各参数之间的关系变化趋势。

抛掷爆破一次装药量大、爆破能量大,为了控制抛掷爆破震动强度,陈庆凯采用 MinMiate Plus 爆破地震仪对黑岱沟露天煤矿第一次高台阶抛掷爆破产生的地震效应和爆破噪声进行了监测,详细地分析了爆破地震波和爆破噪声的强度、频率、持续时间等特征参数。梁冰针对黑岱沟露天煤矿抛掷爆破作用下内排土场高台阶边坡稳定性问题,利用相似模拟试验和数字散斑观测方法,研究了动载作用下边坡的变形规律。

1.1.2　拉斗铲倒堆工艺发展历程

20 世纪 60 年代之前,美国主要开采煤层赋存简单的东部和中西部地区的煤炭,大量应用拉斗铲倒堆工艺剥离覆盖物,其间的倒堆工艺系统较为简单。20 世纪 60 年代以后,由于资源条件的变化,拉斗铲倒堆工艺逐步应用于复合煤层的开采,形成了复杂的倒堆工艺系统。

拉斗铲可以完成剥离物的采掘、运输和排弃三项作业,将剥离物直接排弃到内排土场。与单斗卡车工艺相比,拉斗铲倒堆工艺可以省去采装、运输环节,是一种典型的合并式工艺。拉斗铲倒堆工艺与抛掷爆破技术结合使用可以大幅提升露天煤矿的生产能力,降低剥离费用,因此,该工艺在美国、澳大利亚、俄罗斯、南非、加拿大、印度等国的露天煤矿得到了广泛的应用。全世界露天煤矿使用的斗容在 30 m³ 以上的拉斗铲有 260 台以上,每年生产的原煤产量达 800 Mt 以上。

国外在拉斗铲倒堆工艺设计和生产管理等方面拥有着丰富的实践经验,国外学者对拉斗铲倒堆工艺进行了大量的研究。在拉斗铲倒堆工艺设计方面,埃尔德姆(Erdem B)提出了应用于抛掷爆破台阶剥离的拉斗铲选择计算机模型,并研究了倾斜煤层拉斗铲剥离回调模式。

在拉斗铲生产效率方面,埃尔德姆通过对 6 个不同生产能力和运行模式的拉斗铲的现场调查,分析了切割尺寸、开挖岩石性质、挖掘模式、铲斗类型、回转角、司机经验等对拉斗铲作业周期的影响。德米雷尔(Demirel N)调查了岩体力学性质对拉斗铲作业性能的影响,利用改进的地质强度指标分析了两台拉斗铲在不同岩层条件下的工作效率,基于可用数据,建立了估计拉斗铲生产能力的实证关系模型。麦金尼斯(McInnes C H)为了提高拉斗铲的生产效率,降低拉斗铲机械故障,利用牛顿-拉格朗日法建立了非线性约束条件下优化转矩的现场验证模型,提出了优化拉斗铲非线性耦合动态行为的方法。利姆列诺维奇(Komljenovic D)提出了定义拉斗铲司机绩效指标的方法,建立了拉斗铲生产能力与能源消耗间的数学关系,并提出了基于置信区间的统计方法。莱(Rai P)基于现场调查研究了拉斗铲作业周期时间和空闲时间的分布。

为了降低拉斗铲不必要的疲劳损伤,努雷(Nuray D)利用数值模拟方法和动态仿真环境,结合二维运动学和铲斗构造的交互作用,建立了拉斗铲前端部件的动态模型。里德利(Ridley P)研究了拉斗铲工作过程中牵引绳的速度与牵引力对铲斗开切角度的动态响应,以二自由度线性模型为理论基础,分析了频率响应试验数据。乌兹戈伦(Uzgoren N)分析了两台拉斗铲的机械故障,认为分析拉斗铲的可靠性有助于了解拉斗铲的故障特征,并制订了合理的维修计划。

此外,20 世纪 90 年代,国外开始研究拉斗铲自动化技术,但由于严酷、复杂、三维、动态变化的采矿环境,拉斗铲自动化进程较为缓慢。目前,先进的自动化系统仅处于生产试验阶段,且这些系统多局限于采用线性模型描述非线性行为,并采用启发式方法规划挖掘机轨迹。米汉(Meehan P A)以考虑能量耗散的基本非线性旋转多体系统的形式建立了拉斗铲简化模型,依据关键系统参数利用 Melnikov 方法提出了分析预测混乱不稳定准则,发现了二自由度拉斗铲模型固有的非线性动力不稳定性。

国内,北京矿冶研究总院与某有色金属露天矿联合在 1963—1964 年间进行了拉斗铲倒堆工艺的研究及工业试验,并取得了成功。该矿矿体倾角为 8°~10°,平均厚度为 1.61 m,矿层顶底板为松软页岩。通过试验确定倒堆台阶采用空气间隔分段装药双排孔齐发爆破,爆破后采用 ЭШ4/40 型拉斗铲在内排土场工作平台上进行倒堆剥离,如图 1-1 所示。

国内对露天煤矿应用拉斗铲倒堆工艺的研究始于 20 世纪 90 年代末,直到 2007 年,拉斗铲倒堆工艺在黑岱沟露天煤矿成功应用。在此期间,国内学者对拉斗铲倒堆工艺进行了广泛的研究。具有代表性的有:张幼蒂、李克民总结了拉斗铲倒堆工艺在世界露天煤矿的应用情况,分析了拉斗铲倒堆工艺在我国露天

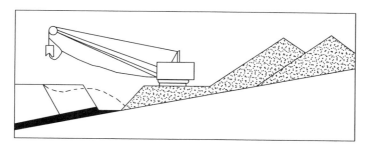

图 1-1　拉斗铲倒堆剥离示意图

煤矿的应用前景,提出了拉斗铲选择的基本思路和方法,对拉斗铲作业方式、剥离台阶开采参数等技术要素进行了综合优化决策。尚涛等分析了露天煤矿采用拉斗铲倒堆工艺时运煤系统的特点,认为在剥离、采煤、排土台阶之间相对位置非常紧凑的条件下,运煤系统的优化选择关键在于运煤通道的设置。张瑞新、王忠强根据地基极限承载力理论对拉斗铲作业岩石台阶承载力进行了验算,并基于拉斗铲作业岩石台阶处于半连续半松散状态的特性,采用极限平衡法、FLAC3D 有限差分法与 UDEC 离散元方法对其安全稳定性进行了对比分析,确定了拉斗铲作业岩石台阶的安全合理参数。

金智求、贾健分析了我国适合采用拉斗铲倒堆工艺的煤田特征,提出了倒堆程序和倒堆设备参数选择方法。白润才、王志宏、宋子岭、曹兰柱对拉斗铲合理倒排厚度、倒排程序、工作参数和设备选型等技术问题进行了深入研究,详细分析了在不同覆盖物厚度、不同煤层倾角条件下的倒排程序、设备选型和工作参数的设计原则和计算方法。

李汇致、董宝弟、李风祥、张克树、张洪等在总结我国露天煤矿煤田特点的基础上,分析了拉斗铲倒堆工艺在我国应用过程中需要注意的问题,提出了适宜我国露天煤矿开采条件的拉斗铲倒堆开采程序,并对黑岱沟露天煤矿等拉斗铲工艺技术改造进行了详细的设计。马军总结了复合煤层条件下拉斗铲作业方式,分析了各作业方式的适用条件,提出了拉斗铲作业方式的优选指标。张维世提出了拉斗铲倒堆工艺转向方式,深入研究了采区转向期间物料流的移动规律、采区转向期间的采剥工程可靠性及各单一开采工艺之间的耦合规律。郭昭华对拉斗铲作业方案比选、开采工艺参数优化和现有工艺系统衔接关系等进行了研究,并系统介绍了拉斗铲倒堆工艺系统在黑岱沟露天煤矿的应用情况。

1.2 国内应用现状

目前,我国仅黑岱沟露天煤矿应用抛掷爆破-拉斗铲倒堆工艺,但哈尔乌素等多个露天煤矿成功应用抛掷爆破技术处理井工矿遗留采空区,本节将介绍其应用情况。

1.2.1 黑岱沟露天煤矿抛掷爆破-拉斗铲倒堆工艺

1. 矿山概况

黑岱沟露天煤矿煤层上部覆盖物平均厚度为 105 m,其中表土层平均厚度为 49 m,岩层平均厚度为 56 m。主采煤层为太原组顶部的 6 号煤层,以复煤层形式存在,平均厚度为 28.8 m,煤层倾角小于 10°。5 号煤层局部可采,暂不在生产范围之内。黑岱沟露天煤矿采用水平推进,移动坑线经端帮运输道路内排的开拓开采方式。2003 年,该矿进行了扩能改造,设计 6 号煤层顶板以上 45 m左右的岩石采用抛掷爆破-拉斗铲倒堆工艺进行剥离,于 2007 年 3 月实现了国内露天煤矿的首次抛掷爆破并取得成功,2007 年 11 月拉斗铲正式开始作业。目前,黑岱沟露天煤矿采用包括拉斗铲倒堆工艺在内的综合开采工艺,具体见图 1-2。

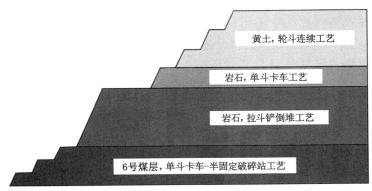

图 1-2 黑岱沟露天煤矿开采工艺示意图

2. 倒堆工艺开采程序

为了降低抛掷爆破及拉斗铲倒堆对 6 号煤层开采的影响,给 6 号煤层的开采提供足够的剥离空间以及合理的布置开拓运输系统,黑岱沟露天煤矿采用中部沟运煤方式,初期运煤通道采用 L 形布置,后进行了优化设计,采用"之"字形布置。以中部沟为界把采区划分为两个半区,并把每个半区划分为两个区域,共有穿孔爆破区、倒堆剥离区、煤层穿爆区、采煤区四个作业区域,如图 1-3 所示。其中,中间两个区域长 660 m,端帮侧两个区域长 440 m。

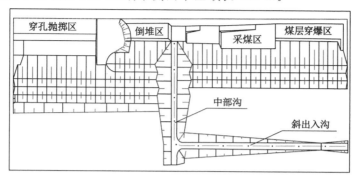

图 1-3　区域划分示意图

沿工作线方向上,对四个区域进行追踪式开采,步骤如下:

(1) 选择某半区如右侧半区靠近中部沟的区域作为穿孔抛掷区,如图 1-4(a) 所示,在该区域进行穿孔、装药、连线、抛掷爆破作业。

(2) 穿孔抛掷区实施抛掷爆破后变为倒堆区,穿孔抛掷区移至右半区靠近端帮侧,如图 1-4(b) 所示。在倒堆区,首先利用单斗挖掘机、推土机进行平整、刷帮、降段等作业,为拉斗铲准备作业平台,然后,拉斗铲在作业平台上将剥离物倒堆至内排土场,揭露出煤层。

(3) 穿孔抛掷区移至左半区靠近中部沟一侧,穿孔抛掷区变为倒堆区,倒堆区变为煤层穿爆区,如图 1-4(c) 所示。在煤层穿爆区,对煤层进行穿孔、松动爆破。

(4) 穿孔抛掷区移至左半区靠近端帮一侧,穿孔抛掷区变为倒堆区,倒堆区变为煤层穿爆区,煤层穿爆区变为采煤区,如图 1-4(d) 所示。在采煤区,根据煤层厚度将煤层划分为 3 个台阶,并在台阶上设置斜坡道,采出的煤经斜坡道、中部沟和斜出入沟运至地表。

(5) 穿孔抛掷区区移回至右半区靠近中间沟一侧,穿孔抛掷区变为倒堆区,倒堆区变为煤层穿爆区,煤层穿爆区变为采煤区,采煤区变为采空区,如图 1-4(e) 所示。

以上过程中,当拉斗铲在右侧区域倒堆剥离时,左侧区域进行采煤作业,运煤卡车由中部沟及斜出入沟进出采煤区。由于采煤的同时可以进行抛掷爆破孔钻孔、装药工作,当左侧煤采完时,采煤单斗挖掘机移至右侧采煤,左侧区域即可

图1-4 抛掷爆破-拉斗铲倒堆工艺开采程序示意图

进行抛掷爆破,拉斗铲剥离完右侧区域的覆盖物即可进入左侧区域进行倒堆剥离作业,如此循环作业,两个半区沿工作线推进方向交错向前推进。

当各环节可以同时完成时,就能保证持续均衡的追踪式开采。但一般情况下,各环节的工作很难同时完成,爆堆的剥离作业对采煤作业的影响比较大。在实际生产过程中,两个半区错开一个采掘带宽度,以减少抛掷爆破对采煤作业的影响。

工作线推进方向上,在某个区域先后进行抛掷爆破、准备拉斗铲作业平台、拉斗铲倒堆作业、煤层穿爆、煤层开采等工艺环节,实现覆盖层剥离及煤层回采。

3. 抛掷爆破-拉斗铲倒堆工艺生产环节

抛掷爆破-拉斗铲倒堆工艺的实施涉及爆区测量、抛掷爆破设计、抛掷爆破施工、准备拉斗铲作业平台、拉斗铲倒堆作业、煤层穿爆、煤层开采七大环节。

(1) 爆区测量

用激光扫描仪和 GPS 测量仪测量台阶坡面、台阶坡顶面,建立台阶三维模型(图 1-5),以控制前排孔抵抗线和孔深。

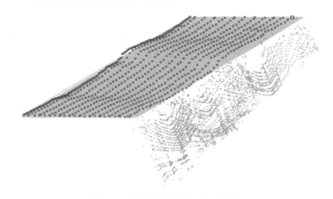

图 1-5　抛掷爆破爆区三维模型

(2) 抛掷爆破设计

根据爆区内岩体物理力学性质等,设计孔距、排距、装药结构(图 1-6)、连线(图 1-7)等,编制抛掷爆破设计方案。

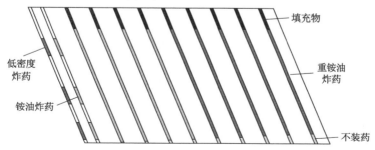

图 1-6　抛掷爆破装药结构示意图

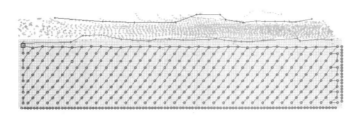

图 1-7　抛掷爆破连线图

（3）抛掷爆破施工

① 使用 GPS 测量仪对钻孔位置进行高精度定位，之后采用可调节角度的钻机按设计的穿孔方向、角度以及孔深等数据进行钻孔。抛掷爆破炮孔如图 1-8 所示。

图 1-8　抛掷爆破炮孔

② 利用炸药混装车（图 1-9）进行装药。

图 1-9　炸药混装车

③ 使用高精度非电雷管等连线，如图 1-10 所示。

④ 根据警戒要求做好警戒工作后起爆，抛掷爆破过程如图 1-11 所示。

⑤ 抛掷爆破后利用三维激光扫描仪扫描爆堆，根据爆破前后的扫描图

（图 1-12），计算抛掷爆破的有效抛掷率、爆堆松散系数等指标。

（a）高精度非电雷管

（b）炮孔连线

图 1-10 现场连线图

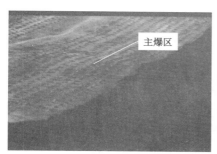

（a）起爆前

（b）预裂孔起爆

（c）抛掷孔起爆

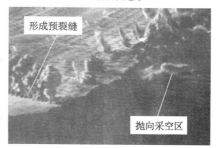

（d）岩石抛掷

图 1-11 抛掷爆破过程

（4）准备拉斗铲作业平台

① 抛掷爆破后，首先利用推土机平整爆堆［图 1-13（a）］，然后利用单斗挖掘机进行刷帮，将坡面上的爆破破碎岩石倒堆至爆堆外侧。

② 单斗挖掘机采用端工作面的作业方式进行降段作业［图 1-13（b）］，为拉

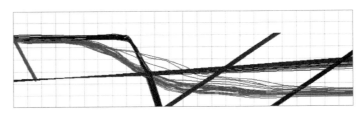

图 1-12　爆破前后爆区扫描图

斗铲做作业平台,并为拉斗铲进入工作面做联络路。

③ 拉斗铲的作业平台基本形成时,利用推土机平整作业平台[图 1-13(c)],为拉斗铲作业做好准备。

（a）推土机平整爆堆　　　　　　（b）单斗挖掘机降段

（c）推土机平整作业平台　　　　　（d）拉斗铲作业平台形成

图 1-13　拉斗铲作业平台形成过程

（5）拉斗铲倒堆作业

拉斗铲通过行走线路[见图 1-13(d)]进入工作面进行倒堆剥离作业,将剥离物倒堆至内排土场,揭露煤层,如图 1-14、图 1-15 所示。

（6）煤层穿爆

拉斗铲揭露煤层之后,对煤层进行钻孔(图 1-16)、装药、连线,实施松动爆破。

（7）煤层开采

把煤层分三个台阶,采用端工作面的作业方式开采,如图 1-17 所示。上部煤台阶追踪煤层穿孔爆破台阶开采,下部煤台阶追踪上部煤台阶开采,在中部、下部煤台阶修坡道连接上部煤台阶和煤底板,运煤卡车经斜坡道、中部沟、斜出入沟和端帮运输道路将煤运送至半固定破碎站。

图 1-14 拉斗铲作业图

图 1-15 拉斗铲揭露煤层

图 1-16 煤层松动爆破钻孔布置

1.2.2 哈尔乌素露天煤矿抛掷爆破技术处理采空区

1. 矿山概况

哈尔乌素露天煤矿表土层平均厚度为 40 m,岩层平均厚度为 100 m,5 号煤

图 1-17　煤层开采

层平均厚度为 1.39 m,5 号煤层距 6 号煤层平均为 12.24 m,6 号煤层为近水平或缓倾斜赋存,平均厚度为 20~30 m。露天煤矿采用单斗卡车间断工艺进行剥离,采用单斗卡车半固定破碎站半连续工艺进行采煤,如图 1-18 所示。

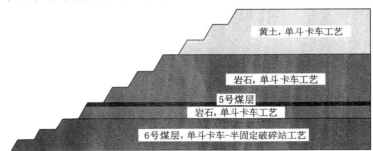

图 1-18　哈尔乌素露天煤矿开采工艺示意图

2. 抛掷爆破技术处理采空区

哈尔乌素露天煤矿开采境界内存在小煤窑遗留的采空区,大型生产设备在采空区上部行走作业时可能引起采空区上部岩石坍塌、设备掉入采空区等安全事故,为生产带来重大安全隐患。为了安全高效地通过采空区,哈尔乌素露天煤矿采用抛掷爆破技术处理采空区,取得了良好的效果。施工过程如下:

(1)利用物探、钻探等手段确定采空区位置,根据采空区位置确定抛掷爆破爆区。

(2)岩石台阶并段形成 35 m 左右的高台阶,煤台阶并段开采,创造抛掷爆破高台阶,如图 1-19 所示。

(3)钻孔、装药、连线、起爆并形成爆堆。

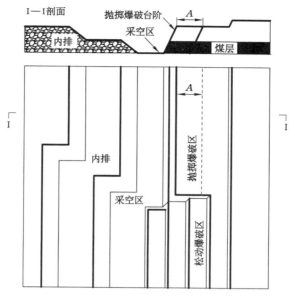

图 1-19　并段形成抛掷爆破高台阶

在采空区位置钻垂直孔,在孔底部加木制间隔器,同时根据抛掷爆破设计欠深进行充填,装药结构如图 1-20 所示。

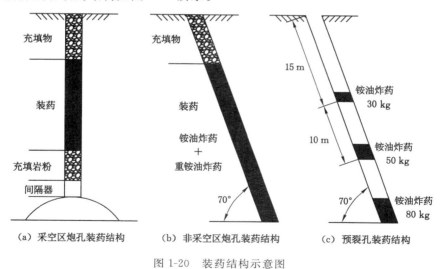

图 1-20　装药结构示意图

连线采用排间微差逐孔起爆方式,主控排延期时间为 9 ms,雁行列孔与孔之间延期时间为 100 ms、150 ms、200 ms,孔内延期时间为 600 ms,如图 1-21 所示。

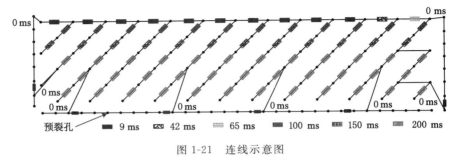

预裂孔 ■ 9 ms ▨ 42 ms ▨ 65 ms ▨ 100 ms ▨ 150 ms ▨ 200 ms

图 1-21　连线示意图

抛掷爆破爆堆如图 1-22 所示。

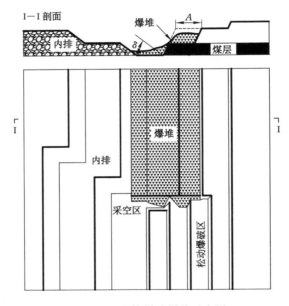

图 1-22　抛掷爆破爆堆示意图

(4) 利用推土机降段、平整爆堆,为单斗挖掘机准备工作面,如图 1-23 所示。

(5) 采用单斗卡车工艺剥离煤层顶板以上爆堆。

将煤层上部爆堆分为上下两个分台阶,在抛掷爆破爆区靠近端帮侧布置连接内排土场最下台阶和爆堆下分台阶坡顶的内排桥。首先剥离上分台阶,剥离物由单斗挖掘机装载至卡车,经内排桥运输至内排土场排弃,如图 1-24 所示。

上分台阶剥离完成后,降低内排桥,使之连接内排土场最下台阶坡顶和爆堆下分台阶坡底,剥离下分台阶,如图 1-25 所示。

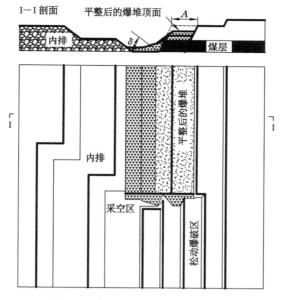

图 1-23 推土机降段后爆堆示意图

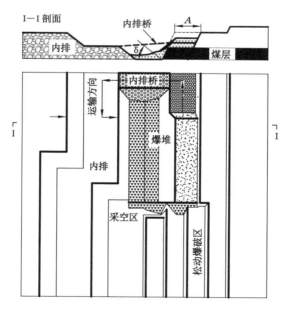

图 1-24 抛掷爆破爆堆上分台阶剥离示意图

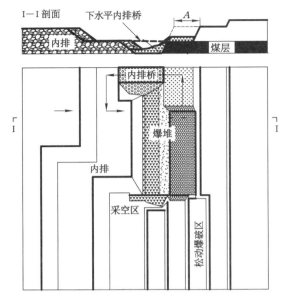

图 1-25　抛掷爆破爆堆下分台阶剥离示意图

最后完成煤层顶板以上爆堆剥离,如图 1-26 所示。

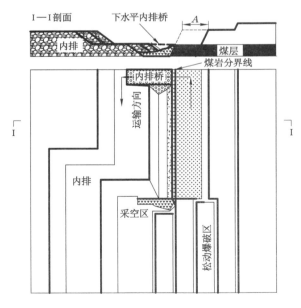

图 1-26　单斗挖掘机剥离后爆堆示意图

（6）反铲倒堆压煤三角区剥离物，如图 1-27 所示。

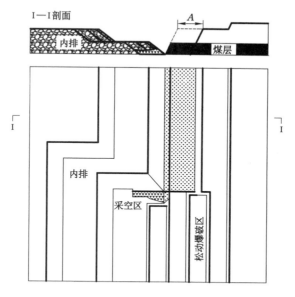

图 1-27 剥离物剥离完毕示意图

（7）对煤层进行松动爆破，分两个台阶回采煤层，如图 1-28 所示。

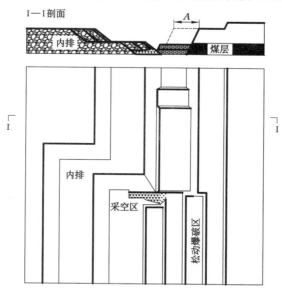

图 1-28 剥离物全部剥离完成示意图

实践证明,抛掷爆破后采空区被破碎岩石填塞(见图 1-29),保证了采掘设备作业安全。此外,采用抛掷爆破可以缩短剥离物运输距离,减少单斗卡车剥离量,降低剥离成本。

图 1-29　抛掷爆破处理采空区后填充情况

1.3　国内应用面临的问题

抛掷爆破-拉斗铲倒堆工艺在国内没有推广应用,除了地质资源条件较为复杂因素和大型拉斗铲需要从国外引进、周期长、价格昂贵、维修难度大等因素外,与露天煤矿生产相关的因素主要包括:

(1)该工艺对爆破质量要求较高,抛掷爆破效果难以控制。有时抛掷爆破使保留台阶的边坡近处产生的裂隙较小,预裂孔的半孔率较高,如图 1-30(a)所示;有时爆破震动强度大、抛掷爆破后冲严重,使保留台阶的边坡近处产生大量裂缝,造成边坡的不稳定和设备作业不安全的状况,如图 1-30(b)、(c)所示。

(2)倒堆工艺条件下,采煤台阶需要追踪倒堆台阶推进,倒堆作业推进强度直接影响露天煤矿的采煤作业,且采煤作业空间狭小,严重影响采煤设备的生产效率,如图 1-30(d)所示。

(3)受煤层厚度、煤层倾角、拉斗铲自身可靠性等因素的影响,拉斗铲倒堆工艺系统的可靠性难以保证,导致拉斗铲不能充分发挥其生产效率。

(4)该工艺要求穿孔、爆破、拉斗铲倒堆、采煤等环节有效衔接,协调一致,使生产设计、组织管理难度大。

以上问题严重影响抛掷爆破-拉斗铲倒堆工艺的安全高效生产及在我国的推广应用。除了拉斗铲倒堆工艺自身原因之外,这些问题多是工艺参数设计不合理造成的。因此,需要结合我国露天煤矿地质资源条件及适宜国内应用的拉斗铲作业方式、作业程序等,提出系统、科学的工艺参数优化设计理论及方法。

图 1-30 生产作业问题

在露天煤矿地质资源条件、拉斗铲型号一定的情况下,要合理设计拉斗铲倒堆工艺参数,保证拉斗铲倒堆工艺安全高效生产,需要解决以下四个问题:

(1)什么样的工作面参数才能保证拉斗铲作业安全,生产效率高,生产成本低。

(2)如何设计抛掷爆破参数才能获得较优的爆堆形状,有利于形成较优的作业平台,提高有效抛掷率,降低辅助作业成本。

(3)为了形成较优的拉斗铲作业平台,降低生产成本,需要什么样的抛掷爆破台阶参数。

(4)煤层厚度、拉斗铲生产能力、露天煤矿生产能力等变化时,如何保证露天煤矿的生产稳定。

1.4 国内应用前景

1.4.1 行业背景

我国经济发展对能源的需求及我国煤炭资源储量决定了我国煤炭主体能源的地位。多年来,为保证国民经济高速发展,煤炭资源一直在持续开发,且开发区域集中在生态环境脆弱的中西部地区。我国煤炭资源开发过程中存在资源和环境代价高、生产效率偏低、安全生产状况差等问题。随着资源节约型、环境友好型社会建设目标的不断推进,煤炭资源的安全、高效、绿色开采和清洁利用成为必然,如何实现煤炭资源的科学开采是当今社会必须思考和解决的问题。因此,国家大力推进绿色矿山建设,而绿色矿山建设要求矿山通过科技进步,改进生产工艺,注重节能减排与环境保护,不断提高资源利用和环境保护水平。

此外,目前国内煤炭消费增长基本停滞,煤炭库存长期处于高位,煤炭价格不断走低,使煤炭企业面临的成本压力不断增大。国内煤炭企业必须结束以资源和环境为代价谋求发展的模式,引进、推广先进的生产工艺技术,以降低生产成本,节能减排,最大限度地减少资源开发活动对环境的影响和破坏,促进煤炭开采的经济、环境与社会效益相协调。

我国把优先发展露天采矿作为煤炭工业建设的基本技术政策,露天采矿面临着前所未有的发展机遇。但目前国内露天煤矿中单斗卡车工艺使用比例较高,而单斗卡车工艺运输成本高、经济运距短、卡车维修复杂、污染严重,其应用已经限制了露天煤矿朝着采用高效率、低成本、大规模的采矿方法的方向发展。

1.4.2 国内外应用条件对比分析

国外部分采用拉斗铲倒堆工艺矿山(煤田)特征如表 1-1 所示。

表 1-1 国外部分采用拉斗铲倒堆工艺矿山(煤田)特征

矿山(煤田)名称	煤层厚度/m	煤层倾角/(°)	剥离层平均厚度/m	岩性
伊尔契辛斯克	5	0	20～25	砂黏土
切略姆霍夫斯克	7	0	30～35	砂岩、泥岩、粉砂岩
阿尔班斯克	20	2～3	25～35	砂岩、泥质粉砂岩
本古恩	10	1～3	40	砂岩、粉砂岩
古涅拉河畔	9～10	5	55	砂岩
卡利德	26	<5	—	
北羚羊/罗切斯特	18.3～24.4	<5	30.5～121.9	
黑雷	22	<5	15～75	
科洛维奥	2	3.4	19.2	
特雷普	3.7	9.1	15～46	砂岩、页岩、粉砂岩
安斯坦	1～5	—	40～45	

由表 1-1 可以看出,国外采用拉斗铲倒堆工艺的露天煤矿具有以下特点:

（1）覆盖层较薄，一般在 20～100 m 之间，多在 50 m 以下；

（2）覆盖层岩性多为中硬以下；

（3）煤层倾角较小，一般在 5°以下；

（4）煤层厚度不大，一般不超过 20 m。

我国已经及将要开发的适宜露天开采的大型煤田赋存条件如表 1-2 所示。

表 1-2　适宜露天开采的大型煤田赋存条件

煤矿	煤层				覆盖层		
	平均厚度/m	主采层数	倾角/(°)	结构	厚度/m	岩性	岩石硬度
黑岱沟	28.8	1	3～5	简单	80～160	砂岩、砂泥岩	$f=3.4\sim6$
哈尔乌素	25.5	2	<5	简单	95～178	砂岩、砂泥岩	$f=3.4\sim6$
安太堡	30.0	3	<10	较简单	100～200	黏土岩、泥岩、砂泥岩和砂岩	$f=3.4\sim6$
安家岭	32.4	3	2～10	较简单	100～200	黏土岩、泥岩、砂泥岩和砂岩	$f=3.4\sim6$
平朔东	33.1	3	2～7	较简单	144～240	泥岩、砂泥岩和砂岩	$f=3.4\sim6$
伊敏河	43.4	2	3～6	简单	30～170	泥岩、粉砂岩、细砂岩	$f=1\sim2$
霍林河南	47.7	4	5～15	复杂	190（平均）	砂岩、泥岩	$f=4\sim5$
武家塔	14.6	2	1～3	简单	32（煤层间）	泥岩、砂岩	$f=2\sim4$
宝日希勒	51.0	6	5～10	较简单	20～100	砂砾岩、泥岩、粉砂岩	$f=1\sim2$
胜利一号	54.8	2	<5	简单	30～180	泥岩、砾质泥岩	$f=1\sim2$
胜利二号	38.0	2	<5	较简单	20～200	砂岩、泥岩	$f=1\sim2$
朝阳	12.2	1	3～7	简单	45～145	泥岩、粉砂岩	$f<1$
元宝山	76.7	2	3～8	简单	130～329	砂砾	$f=3\sim5$
小龙潭	139.0	1	9～16	简单	0～187	泥灰岩	$f<2$
布沼坝	139.0	1	10～20	简单	0～187.1	泥灰岩	$f<2$
白音华二号	27.1	2	<5	复杂	64（煤层间）	黏土、砂岩	$f<1$

由表 1-2 可知，我国露天煤矿的煤层倾角多在 10°以下，煤层数不多，主采煤

层多为1～3层,结构简单,剥离物岩性多在中硬以下,厚度较大,且煤田面积大,相当多的露天煤矿具有采用抛掷爆破-拉斗铲倒堆工艺的条件。

由于煤炭赋存条件优良,国外采用拉斗铲倒堆工艺的露天煤矿矿建工程量少,工作线长度较大,运输道路占用内排土场空间小,倒堆剥离与采煤相互干扰较少,采、倒关系较为简单。但我国露天煤矿的覆盖层厚度较大,多在100 m以上;煤层厚度较大,多在20～50 m之间,且多为复合煤层。这些条件导致我国露天煤矿仅煤层上覆部分岩层能够采用拉斗铲倒堆工艺,整个矿山需要采用包括倒堆工艺在内的综合工艺,抛掷爆破台阶下的煤层需要分台阶追踪开采,造成倒堆开采程序、原煤运输系统更为复杂。

综合考虑国内煤炭行业发展背景以及地质资源条件,实现煤炭资源的集中化开采,设备大型化向先进化、智能化转变,工艺单一化向综合化、连续化转变是我国露天采煤行业的发展趋势。抛掷爆破-拉斗铲倒堆工艺,尤其是抛掷爆破剥离技术在我国露天煤矿具有广阔的应用空间。

2 抛掷爆破-拉斗铲倒堆工艺基本定律

采矿科学是研究矿产资源开采过程中的技术和开采工艺与矿山岩石相互作用规律的科学,是研究指导生产基本理论的科学。它揭示采矿过程中必然的、本质的、稳定的、可重复出现的关系,并作出科学的解释,将采矿技术提高到理论层次,能够从根本上改善矿山生产的技术。

露天煤矿生产过程中,工作面在时间和空间上不断移动,采场空间形成过程及发展,工作面及工作线的推进时空关系,开拓、准备和回采工程强度等存在一定的规律,这些规律统称为露天采矿基本定律。抛掷爆破-拉斗铲倒堆工艺作为一种典型的合并式工艺,其生产过程除了满足露天采矿基本定律之外,还存在其特有的规律。揭示抛掷爆破-拉斗铲倒堆工艺基本定律,可以指导拉斗铲倒堆工艺的设计和生产进度计划的制订,避免相关决策有悖于科学规律,保证露天煤矿持续稳定生产。

2.1 抛掷爆破-拉斗铲倒堆工艺技术特征

2.1.1 拉斗铲作业方式

拉斗铲作业方式受矿层赋存条件、露天煤矿产量规模、倒堆台阶参数、拉斗铲规格及台数等多种因素的影响,可行的方式较多。单台拉斗铲的基本作业方式主要有以下四种:

(1)直接倒堆方式:拉斗铲站立在倒堆台阶上盘或者推土机平整后的爆堆上,下挖剥离物并倒堆至采空区,如图 2-1(a)所示。

直接倒堆方式多用于剥离物及煤层厚度均不大或者拉斗铲线性尺寸较大的条件。

(2)扩展平台倒堆方式:拉斗铲站立在扩展平台上,下挖剥离物并倒堆至采空区,如图 2-1(b)所示。

扩展平台可由推土机在爆堆上降段平整建立,也可由拉斗铲自身或者推土机和拉斗铲联合建立。扩展平台倒堆方式适用于剥离物厚度较大、岩石较为坚固稳定的条件。这种作业方式可以减小拉斗铲的线性尺寸或增加倒堆台阶的高度和宽度,但部分剥离物需要二次倒堆。

(3)超前台阶倒堆方式:把剥离层分为上、下两个台阶,拉斗铲站立在剥离台阶中部分别进行上采和下采,如图 2-1(c)所示。

超前台阶倒堆方式可以增大拉斗铲倒堆厚度,但拉斗铲上采高度不宜太大,且上采使拉斗铲挖掘速度降低、满斗率减小、回转角度增大,从而降低拉斗铲的生产效率。

(4)排土场回拉方式:拉斗铲站立在排土场平整后的平台之上,将剥离物回拉至内排土场,如图 2-1(d)所示。

排土场回拉方式可以把部分剥离物倒堆至更上部的排土场内,以增大倒堆内排空间。但拉斗铲在排土场回拉作业时,回转角较大,作业循环周期长,生产效率较低。此外,由于拉斗铲行走速度慢,若采用一台拉斗铲在采场和排土场间往返调动,会进一步降低拉斗铲的生产效率。

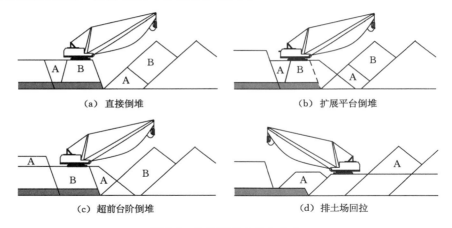

(a) 直接倒堆　　　　　　　　　　　(b) 扩展平台倒堆

(c) 超前台阶倒堆　　　　　　　　　(d) 排土场回拉

图 2-1　拉斗铲基本作业方式

实际生产中多采用扩展平台倒堆方式或者多种作业方式同时使用的联合作业方式,如图 2-2、图 2-3 所示。

2.1.2　工作线布置方式

拉斗铲倒堆的工作线布置方式主要有以下四种:

(1)剥采同向、单向作业:剥采设备同向采掘,采完一条采掘带之后,剥采设备空程返回采掘带起点,开挖下一采掘带,如图 2-4 所示。

这种方式适用于工作线长度较小的条件。这种方式下,两采掘带间的剥离

图 2-2　扩展平台倒堆

图 2-3　联合作业

停顿时间较短,但新采掘带的倒堆剥离影响前一采掘带煤的运输,需要搭建临时运输道路。

(2)剥采同向、往返作业:剥采设备同向采掘,采完一条采掘带之后,拉斗铲在上条采掘带尽头位置切入新的采掘带,进行回返剥离作业,如图 2-5 所示。

这种方式同样适用于工作线长度较小的条件。这种方式下,拉斗铲需要等待一条采掘带的采煤作业完成之后才能返回作业,返回采煤需要等待拉斗铲返回采掘一定距离后才能开始,存在剥采设备相互等待的情况。

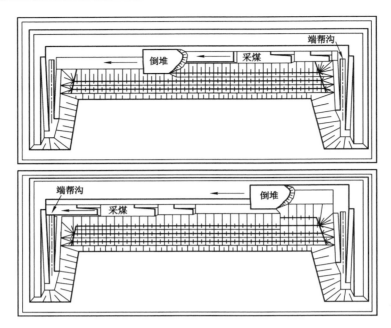

图 2-4　剥采同向、单向作业示意图

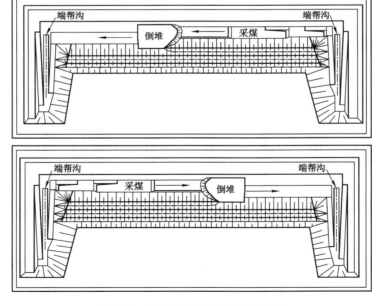

图 2-5　剥采同向、往返作业示意图

（3）分区交替、相向推进：工作线分为两区，剥采设备交替在不同的半区从端帮向工作线中点推进，如图 2-6 所示。

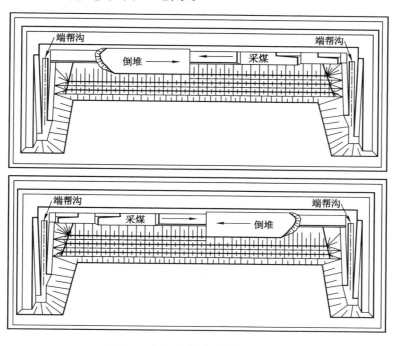

图 2-6　分区交替、相向推进示意图

这种方式适用于工作线长度较大、运煤方式采用端帮双沟的条件，可在半个工作线长度上保有备用露煤量，剥采设备具有较大的独立性。

（4）分区交替、相背推进：工作线分为两区，剥采设备交替在不同的半区从工作线中点向端帮推进，如图 2-7 所示。拉斗铲可采用的走行路线如图 2-8 所示。

这种方式适用于工作线长度较大、运煤方式采用中部沟的条件，同样可在半个工作线长度上保有备用露煤量，剥采设备具有较大的独立性。

2.1.3　运煤方式

采用拉斗铲倒堆工艺的露天煤矿一般采用单斗卡车-半固定破碎站-带式输送机半连续工艺采煤，原煤的坑内运输全部采用卡车。根据运煤出口设置位置及数量，基本的运煤方式有以下三种：

（1）端帮单沟方式

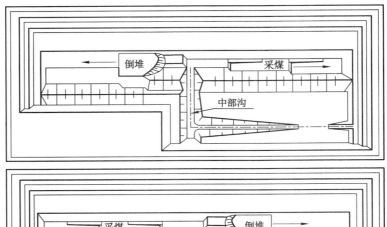

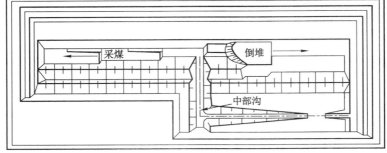

图 2-7 分区交替、相背推进示意图

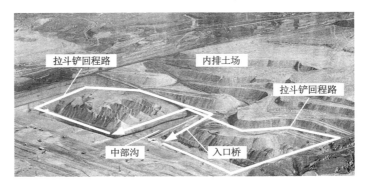

图 2-8 拉斗铲走行路线

在采场的一端布置一个出口称为端帮单沟方式,如图 2-9 所示。采用端帮单沟运煤方式需要全区作业,工作线采用"剥采同向、单向作业"的布置方式,拉斗铲倒堆剥离与采煤作业间的相互影响较大。

端帮单沟运煤方式适用于矿田面积较小、工作线长度受限的条件。

(2)端帮双沟方式

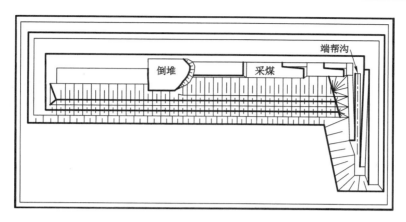

图 2-9　端帮单沟方式

在采场两端布置两个出口称为端帮双沟方式,如图 2-6 所示。端帮双沟运煤方式条件下,工作线可以采用"剥采同向、往返作业"或"分区交替、相向推进"的布置方式,因此可以全区作业或者分区作业。分区作业时,可以避免拉斗铲倒堆和抛掷爆破对采煤作业的影响,生产可靠性高;但会占用较大的内排空间,道路移设工程量大,会增加上部剥离物的内排运距。

端帮双沟运煤方式适用于工作线长度较大,上部剥离工艺对运距增加不敏感的条件。

(3)中部沟方式

在采场中部设置一个出口称为中部沟方式,如图 2-7 所示。采用中部沟运煤方式需要分区作业,工作线采用"分区交替、相背推进"的布置方式,拉斗铲和采煤作业相互影响较小,但会占用较大的内排空间,道路移设工程量大,中部沟沟口处存在拉斗铲倒堆和抛掷爆破影响采煤作业的现象。

中部沟运煤方式适用于工作线长度较大,剥离物排弃空间充裕的条件。

三种运煤方式中,中部沟方式和端帮双沟方式适用条件类似,但相同条件下,中部沟方式的内排运距较短,上部剥离物采用单斗卡车工艺剥离时,多采用中部沟方式。实际生产中,中部沟运煤方式应用较多,图 2-10 为两露天煤矿中部沟运煤工程实例。

2.1.4　拉斗铲作业程序

在拉斗铲倒堆工艺的工作线布置方式及运煤方式确定之后,拉斗铲倒堆及下部煤层开采在平面上的作业程序基本确定,本质上是采剥设备追踪作业的作业顺序。而拉斗铲在纵剖面上的作业程序主要受拉斗铲作业方式的影响,下面

图 2-10　中部沟运煤工程实例

分别介绍单一煤层及多煤层条件下拉斗铲的作业程序。

1. 单一煤层拉斗铲作业程序

大型露天煤矿单一煤层上覆岩层采用拉斗铲倒堆工艺剥离时,以扩展平台倒堆方式为例说明拉斗铲的作业程序。

(1) 先穿孔、装药并连线,进行抛掷爆破,形成爆堆,见图 2-11(a)。

(2) 抛掷爆破后,推土机平整爆堆,为单斗挖掘机准备工作场地,见图 2-11(b)。

(3) 单斗挖掘机联合推土机进行降段作业,为拉斗铲做作业平台,并为拉斗铲进入工作面做联络路,见图 2-11(c)。

(4) 当作业平台满足拉斗铲作业要求时,拉斗铲进入工作面扩展作业平台,进行倒堆剥离作业,见图 2-11(d)。

(5) 拉斗铲在作业平台上进行倒堆作业,将剥离物排弃至内排土场,露出煤层,见图 2-11(e)、(f)。

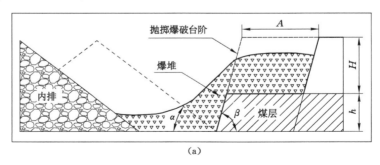

图 2-11　单一煤层拉斗铲作业程序

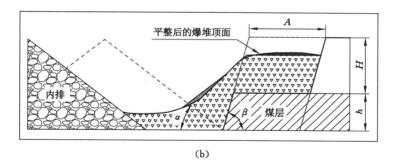

（b）

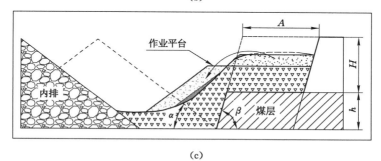

（c）

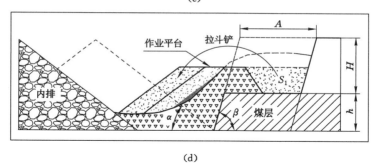

（d）

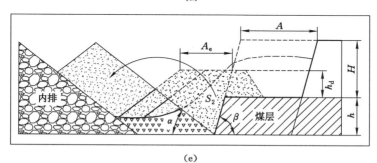

（e）

图 2-11（续）

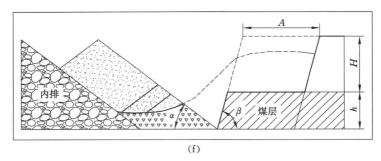

(f)

图 2-11(续)

2. 多煤层拉斗铲作业程序

(1) 单拉斗铲作业

采用单台拉斗铲倒堆剥离多层煤层上覆岩层时,通常单台拉斗铲需要在不同分区交替作业,逐层倒堆剥离各煤层顶板岩石。

首先,拉斗铲站立在最上作业水平开挖倒梯形 Y_1 部分,将岩石倒堆排弃至下部煤层坡脚处,如图 2-12(a)所示。

然后,将 Y_2 部分倒堆至采空区,揭露煤层 M_1,如图 2-12(b)所示。

之后,M_1 煤层采完后,拉斗铲站立在 M_1 煤层底板先挖掘倒梯形 Y_3 部分,并做拉斗铲扩展平台,如图 2-12(c)所示。

最后,拉斗铲挖掘 Y_4 部分,揭露煤层 M_2,如图 2-12(d)所示。

(2) 双拉斗铲作业

采用两台拉斗铲倒堆剥离多层煤层上覆岩层时,通常两台拉斗铲交替在不同分区作业,其中一台拉斗铲站立在平整后的抛掷爆破爆堆上,倒堆剥离最上煤层顶板岩石以揭露最上煤层,如图 2-13(a)所示;另外一台拉斗铲则站立在排土场平整后的排弃物之上回拉剥离下层煤顶板岩石,如图 2-13(b)所示。

2.1.5 工艺特点

1. 适用条件

抛掷爆破受煤层倾角、覆盖层厚度、岩体性质等条件的限制,一般情况下,抛掷爆破要求煤层为近水平、缓倾斜赋存,覆盖层厚度至少为 10 m,覆盖层岩石的裂隙、层理不发育。

拉斗铲倒堆工艺受地质资源条件、拉斗铲性能等的限制,一般要求如下:

(1) 矿田规模较大,且形状较为规则。

(2) 煤层为近水平、缓倾斜赋存。拉斗铲倒堆适用于近水平、缓倾斜矿床。当岩石较为坚硬,能够保证内排土场稳定时,拉斗铲倒堆工艺可在倾角稍大的矿

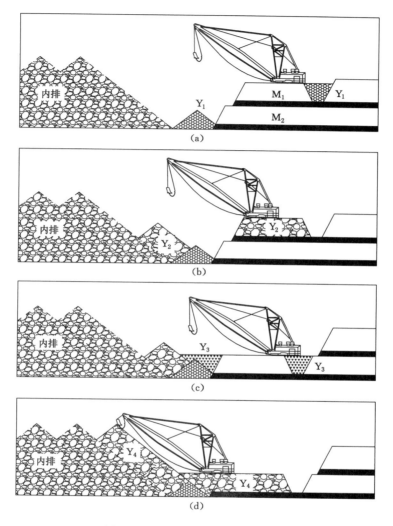

图 2-12 多煤层单拉斗铲作业程序

床中应用;当矿层底板下有弱层或含水层时,则拉斗铲倒堆工艺只能在倾角较小的矿床中应用。此外,拉斗铲倒堆工艺也可应用于急倾斜矿床浅部剥离物的剥离,将剥离物排弃至矿坑两侧地表端帮上。

(3)倒堆台阶下煤层数量较少,煤层赋存稳定,且煤层(组)厚度不宜过大,一般大于 40 m 时则不适合采用拉斗铲倒堆工艺。

(4)覆盖层厚度能够满足拉斗铲高效生产,一般要求在 10 m 以上。

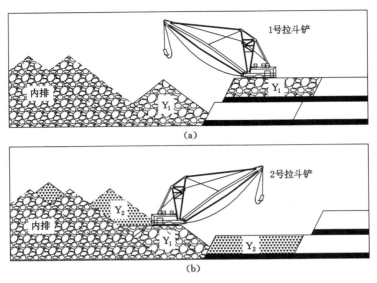

图 2-13　多煤层双拉斗铲作业程序

（5）地质构造简单。褶皱两翼的倾角过大、断层落差大等都严重影响拉斗铲的正常作业。

2．工艺优缺点

采用抛掷爆破-拉斗铲倒堆工艺可以将剥离物直接倒堆至内排土场，省去装载、运输环节，不需要运输、排土设备，大大减少生产作业设备数量，且拉斗铲作业受物料块度影响小，生产能力大，作业效率高，生产成本低，较单斗卡车工艺一般可以节省 40％以上。但该工艺具有以下缺点：

（1）拉斗铲价格昂贵，其单位铲斗容积价格是单斗挖掘机的 3 倍以上。

（2）拉斗铲的供货周期长，一般从订货到最终运行需要 2～3 年。

（3）设备依赖进口，维修保养不便。

（4）一般情况下，露天煤矿没有备用拉斗铲，所以要求拉斗铲设备及倒堆工艺系统可靠性高。

（5）一般情况下，基建时期拉斗铲无法投入使用，导致基建时期其他设备数量增加或基建期较长。

（6）要求工作线长度较大，增加基建剥离量及基建投资。

（7）对爆破质量要求高，需要控制爆堆形态，提高有效抛掷率，减小后冲，保证预裂面平整。

（8）拉斗铲作业、行走对坡度要求严格，拉斗铲作业平台及倒堆剥离排土场均需要平整,辅助作业量较大。

(9)剥采设备在较小的作业空间内追踪作业,相互制约,对作业程序要求严格,作业灵活性差,难以保证采场内备采煤量。

(10)抛掷爆破及拉斗铲走行等都可能干扰原煤运输,要求较高的工艺协调性,对设计、管理水平要求高。

3. 工艺特征

抛掷爆破-拉斗铲倒堆工艺利用抛掷爆破对岩体进行破碎、抛掷,将部分剥离物直接抛入采空区,然后利用拉斗铲将剩余剥离物倒堆至内排土场,揭露煤层。无论拉斗铲采用何种作业方式,也不管工作线布置、运煤通道布置等采用哪种方式,该工艺均具有以下特征:

(1)抛掷爆破、倒堆剥离、煤层开采作业均采用追踪式,生产具有周期性。

(2)各环节之间相互影响、相互制约,剥采设备总有一段时间停止作业。如抛掷爆破、拉斗铲走行导致采煤作业被迫暂停,抛掷爆破、拉斗铲倒堆剥离等待前一采掘带或者另一半区煤层采完后才能进行。

(3)除了"剥采同向、往返作业"方式外,拉斗铲均存在空程返回现象。

(4)煤台阶坡底与内排土场坡底基本是相接或者相隔一个采掘带宽度追踪式推进,倒堆内排空间受拉斗铲线性尺寸等因素的影响。

(5)备采煤量有限,当工作线长度较短时这个问题更为突出。

2.2 工作面移动定律

采用抛掷爆破-拉斗铲倒堆工艺的露天煤矿,其矿山工程主要是工作面的水平推进。拉斗铲沿工作线方向(横向)将剥离物倒堆至内排土场,其工作面的移动速度满足以下关系:

拉斗铲工作面移动速度 v_d 与拉斗铲的生产能力 Q(实方)成正比,与倒堆台阶高度 H、采掘带宽度 A 成反比,即

$$v_d = \frac{Q}{HAk_z} \tag{2-1}$$

式中 k_z——拉斗铲倒堆率,为拉斗铲倒堆量 V_d 与倒堆台阶剥离量 V_b 的比值。

一般,k_z 可利用下式计算:

$$k_z = 1 - k_1 + k_2 - k_f - k_{ky} \tag{2-2}$$

式中 k_1——有效抛掷率;

k_2——重复倒堆率;

k_f——辅助剥离率；

k_{ky}——辅助扩展平台有效率，为辅助扩展平台有效量与倒堆台阶剥离量的比值。

k_1 受爆破参数、岩体物理力学性质等影响，k_2、k_f 与拉斗铲作业方式等因素有关，k_1、k_2、k_f、k_{ky} 均可通过现场数据统计获得。

倒堆台阶工作线水平推进速度 v_t 与拉斗铲的生产能力 Q、拉斗铲台数 N 成正比，与倒堆台阶高度 H、工作线长度 L 成反比，即

$$v_t = \frac{NQ}{HLk_z} \tag{2-3}$$

式(2-1)为拉斗铲倒堆工作面移动定律，式(2-3)为倒堆台阶工作线推进定律，这两个定律是拉斗铲倒堆工艺优化设计的理论基础。

拉斗铲倒堆剥离直接揭露煤层，露煤速度 v_L 等于拉斗铲工作面移动速度，即

$$v_L = v_d \tag{2-4}$$

由于拉斗铲将剥离物直接倒堆至内排土场，随着拉斗铲的移动，拉斗铲排弃位置也不断移动。因此，倒堆内排土场工作面移动速度 v_w 等于拉斗铲工作面移动速度 v_d，即

$$v_w = v_d \tag{2-5}$$

倒堆内排土场台阶追踪煤台阶纵向推进，两者工作线推进速度近似等于倒堆台阶工作线水平推进速度 v_t，即

$$v_p \approx v_c \approx v_t \tag{2-6}$$

式中　v_p——倒堆内排土场台阶工作线水平推进速度；

v_c——煤台阶工作线水平推进速度。

根据以上定律可知：

(1) 在其他条件一定的情况下，拉斗铲生产能力越大，其移动越频繁。为了降低拉斗铲移动对生产的影响，可加大倒堆台阶高度、采掘带宽度等工艺参数，或者增加倒堆台阶内拉斗铲的有效倒堆量。后者主要通过减少推土机等的辅助作业实现。

(2) 由于倒堆内排土场在横向、纵向上的推进速度都受限，倒堆内排土场的容量有限。

为了使排土场能容纳倒堆剥离量，需要满足以下条件：

$$k_s V_b - V_f \leqslant V_p \tag{2-7}$$

式中　k_s——剥离物松散系数；

V_b——倒堆台阶剥离量，m^3；

V_f——采用其他工艺剥离不占用倒堆排土空间的剥离量,称为辅助剥离量,m^3;

V_p——倒堆内排土场可排土容量,m^3。

式(2-7)反映了倒堆工艺采排空间关系,是倒堆工艺生产参数计算需要遵循的基本原则。

当采掘工作线与排土工作线长度相等时,式(2-7)等价于:

$$k_s S_b - S_f \leqslant S_p \tag{2-8}$$

式中　S_b——倒堆台阶横断面面积;

S_f——辅助剥离横断面面积;

S_p——倒堆内排土场可排土横断面面积。

2.3　矿山工程协调发展定律

无论拉斗铲倒堆工艺采用何种工作线布置方式,本质上采煤作业均是追踪拉斗铲倒堆剥离,拉斗铲倒堆剥离追踪台阶穿孔爆破。

为了降低设备间的作业影响,保证生产安全和矿山工程的可靠性,各设备间应该保持一定的距离,各环节需要形成和保持一定的富余工作量,如拉斗铲倒堆剥离需要超前采煤作业一定距离,以保证有一定的备采煤量。因此,采煤工作面移动速度、拉斗铲工作面移动速度应该满足以下关系:

$$v_d \geqslant v_c - \frac{l_{dc} - l_{dcmin}}{t_{dc}} \tag{2-9}$$

式中　v_d——拉斗铲工作面移动速度;

v_c——采煤工作面移动速度;

l_{dc}——工作线方向上露煤长度;

l_{dcmin}——拉斗铲与采煤设备间的最小距离;

t_{dc}——达到 $l_{dc} = l_{dcmin}$ 所需时间。

拉斗铲工作面移动速度、穿爆工作面移动速度应该满足以下关系:

$$v_b \geqslant v_d - \frac{l_{bd} - l_{bdmin}}{t_{bd}} \tag{2-10}$$

式中　v_b——穿爆工作面移动速度;

l_{bd}——工作线方向上待剥离爆堆长度;

l_{bdmin}——拉斗铲与穿爆区域间的最小距离;

t_{bd}——达到 $l_{bd} = l_{bdmin}$ 所需时间。

式(2-9)和式(2-10)为倒堆工艺矿山工程协调发展定律。选择生产设备、制订生产计划时需要遵循式(2-9)、式(2-10)所揭示的定律,不遵循这个定律,会使露天煤矿生产的可靠性降低,破坏拉斗铲倒堆工艺及采煤工艺系统的正常程序,导致采剥工程难以正常接续,使露天煤矿降产,甚至停产。

通常规定 $l_{dc} \geqslant l_{dcmin}$、$l_{bd} \geqslant l_{bdmin}$,若 $l_{dc} = l_{dcmin}$、$l_{bd} = l_{bdmin}$,则采煤工作面移动速度 v_c 应小于等于拉斗铲工作面移动速度 v_d,拉斗铲工作面移动速度 v_d 应小于等于穿爆工作面移动速度 v_b,即

$$v_c \leqslant v_d \leqslant v_b \tag{2-11}$$

由于倒堆工艺追踪作业的特征,v_c、v_d、v_b 不能相差太大,否则会导致穿爆、倒堆、采煤环节难以有序衔接。

若 $l_{dc} > l_{dcmin}$、$l_{bd} > l_{bdmin}$,则 v_d、v_b 可以放慢或者停顿时间分别为:

$$t_{ds} = \frac{l_{dc} - l_{dcmin}}{v_c - v_d} \tag{2-12}$$

$$t_{bs} = \frac{l_{bd} - l_{bdmin}}{v_d - v_b} \tag{2-13}$$

理想状态下,为了使 l_{dc}、l_{bd} 保持一定大小不变,要求:

$$v_c = v_d = v_b \tag{2-14}$$

为了保证露天煤矿能够持续均衡生产,原煤炭工业部曾规定了露天煤矿开拓煤量和回采煤量的划分标准和计算范围。以水平煤层为例,开拓煤量和回采煤量计算如图 2-14 所示。

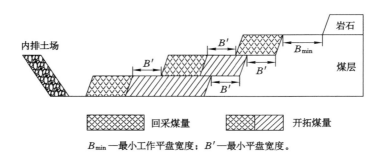

B_{min}—最小工作平盘宽度;B'—最小平盘宽度。

图 2-14　开拓煤量和回采煤量计算示意图

显然,开拓煤量、回采煤量的计算方法不再适用于拉斗铲倒堆工艺。定义拉斗铲与采煤设备间最小距离范围外揭露的煤量为拉斗铲倒堆工艺备采煤量,规定一定的备采煤量或者备采煤量可采期以保证生产的可靠性。

备采煤量计算公式为:

$$M_{rc} = (l_{dc} - l_{dcmin})hA\gamma k_c \tag{2-15}$$

式中　M_{rc}——备采煤量；

　　　h——煤层厚度；

　　　A——采掘带宽度；

　　　γ——煤的密度；

　　　k_c——采出率。

则备采煤量可采期为：

$$T_{rc} = \frac{M_{rc}}{M_{dd}}$$ （2-16）

式中　T_{rc}——备采煤量可采期；

　　　M_{dd}——计划原煤日产量。

由于作业方式及开采参数的限制，拉斗铲倒堆工艺的备采煤量较小，回采期较短。

2.4　矿山工程发展过程周期性

抛掷爆破-拉斗铲倒堆剥离及下部采煤作业中存在较多的周期性过程，掌握这些周期性规律，分析影响周期性的相关因素，有利于科学地进行采矿生产设计，提高生产效率。

（1）拉斗铲挖掘周期性

拉斗铲的倒堆作业是周期性的，其挖掘循环包括挖掘满斗、铲斗提升回转、卸载、铲斗反转下放，其挖掘周期如图 2-15 所示。

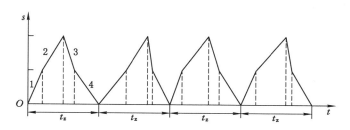

图 2-15　拉斗铲挖掘周期示意图

图 2-15 中 1 代表挖掘满斗阶段，2 代表铲斗提升回转阶段，3 代表卸载阶段，4 代表铲斗反转下放阶段。拉斗铲作业周期为：

$$t_z = t_w + t_h + t_x + t_f$$ （2-17）

式中　t_z——拉斗铲作业周期，s；

t_w——拉斗铲挖掘时间,s;

t_h——铲斗提升回转时间,s;

t_x——拉斗铲卸载时间,s;

t_f——铲斗反转下放时间,s。

拉斗铲挖掘的周期性可以反映拉斗铲倒堆工作面的移动速度。

（2）工作线推进周期性

拉斗铲倒堆工艺工作线跳跃推进周期如图 2-16 所示。

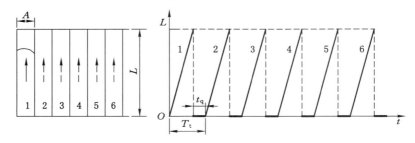

图 2-16　工作线推进周期示意图

拉斗铲倒堆工艺工作线推进周期为:

$$T_t = \frac{L}{v_d} + t_q \tag{2-18}$$

式中　T_t——工作线推进周期,h;

t_q——拉斗铲每个推进周期内走行、故障、维修等时间,h。

拉斗铲倒堆工作线推进的周期性可以反映倒堆台阶的推进强度。

（3）备采煤量周期性

拉斗铲倒堆工艺条件下,露天煤矿的备采煤量呈周期性变化。以工作线分为两区,剥采设备交替在不同半区作业的露天煤矿为例,说明备采煤量变化规律。两个半区的备采煤量变化如图 2-17 所示。

图 2-17 中,备采煤量最小点即单区余煤量零点,对应拉斗铲走铲及出入扩展平盘准备完毕,开始进入一区正常作业。单区余煤量最大点即备采煤量最大点,对应拉斗铲离开该区开始走铲,之后余煤量及备采煤量开始减少。因此,单区余煤量上升段的时间间隔 T_z 为拉斗铲在该区的正常作业时间,即

$$T_z = T_j - T_b \tag{2-19}$$

式中　T_z——拉斗铲单区作业时间,d;

T_j——两半区余煤量达到最小回采煤量的时间间隔,d;

T_b——拉斗铲走铲及出入扩展平盘准备时间,d。

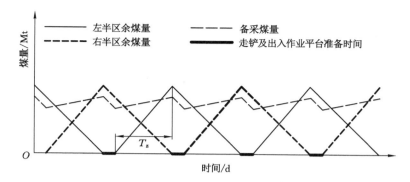

图 2-17 两个半区的备采煤量变化

由图 2-17 可知,由于拉斗铲走行及准备拉斗铲作业平台,备采煤量在一区倒堆剥离结束时最大,在新的一区开始倒堆剥离时最小。由于拉斗铲存在走行换区等准备时间,要求拉斗铲倒堆剥离速度相对快于采煤。

(4)拉斗铲与抛掷爆破区距离周期性

拉斗铲倒堆剥离追踪抛掷爆破台阶穿孔爆破作业,两者之间的距离也呈周期性变化。以工作线分为两区,剥采设备交替在不同的半区作业的露天煤矿为例,说明其变化规律。拉斗铲与抛掷爆破区距离关系见图 2-18。

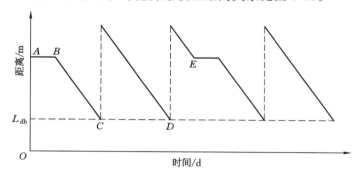

图 2-18 拉斗铲与抛掷爆破区距离关系图

图 2-18 中,A 点代表拉斗铲结束旧半区的倒堆作业开始走铲的时刻;B 点代表拉斗铲在新半区开始倒堆作业的时刻;C 点代表拉斗铲与抛掷爆破区的距离达到最小值 L_{db} 时在新半区的爆破区进行了抛掷爆破;D 点代表在旧半区后排进行了抛掷爆破,拉斗铲在新半区进行倒堆剥离,至 E 点时刻拉斗铲结束新半区的倒堆剥离作业,开始走铲。

2.5 工程实例

黑岱沟露天煤矿抛掷爆破台阶钻孔采用 4 台 DM-H2 钻机和 1 台 1190E 钻机,煤台阶钻孔采用 2 台 DM45 钻机。抛掷爆破台阶刷帮、降段采用 WK55、PH2800 单斗挖掘机和 EX3600 液压挖掘机,倒堆剥离采用 BE8750-65 拉斗铲。清理煤顶板采用 D11T、475A 推土机,采煤采用 2 台 WK-35 和 1 台 L-1350 前装机,采用 2 台 992G 前装机回收两侧和底板煤,运煤采用 630E、830E 卡车。黑岱沟露天煤矿拉斗铲倒堆工艺相关参数见表 2-1。

表 2-1 拉斗铲倒堆工艺相关参数

参数	符号	单位	数值
采掘带宽度	A	m	85
抛掷爆破台阶高度	H	m	38
抛掷爆破台阶工作线长度	L	m	2 200
台阶坡面角	β	(°)	65
煤层平均厚度	h	m	28.8
煤台阶工作线长度	L_m	m	2 100
煤层采出率	k_c		0.98
煤的密度	γ	t/m^3	1.43
排弃物料自然安息角	δ	(°)	38
爆堆松散系数	k_s		1.35

采运设备的生产能力详见表 2-2。

表 2-2 采运设备生产能力表

设备	型号	斗容(载重)/m^3(t)	数量	单台月生产能力/10^{4}m^3
拉斗铲	BE8750-65	90	1	160
单斗挖掘机	WK35	49	2	68
前装机	L-1350	32	1	40
	992G	14	2	10
卡车 (改斗运煤)	630E	154	24	5.5
	830E	220	7	9.3

钻机生产能力见表 2-3。

表 2-3　钻机生产能力

型号	数量	月钻进/m	爆破率
DM-H2	4	9 211	79.8
1190E	1	11 715	79.8
DM45	2	23 000	73.0

根据以上数据，通过计算可知：拉斗铲工作面移动速度 $v_d = 28.62$ m/d，采煤工作面移动速度 $v_c = 28.53$ m/d，$v_d > v_c$，且两者相差不大，说明矿山工程发展较为协调。

黑岱沟露天煤矿 2014 年 4～6 月的煤量关系见图 2-19。最小回采煤量取 2 Mt，由图 2-19 可以确定拉斗铲在 5 月 13 日出右半区开始走铲进入左半区，至 6 月 28 日在左半区作业完毕准备走铲，其间共 46 d，拉斗铲走铲及出入扩展平盘准备时间为 7 d，因此可以确定拉斗铲在左半区的作业时间为 39 d。

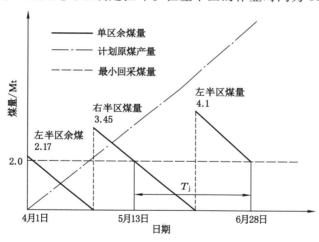

图 2-19　黑岱沟露天煤矿煤量关系图

3 拉斗铲作业工作面参数优化

拉斗铲采用扩展平台倒堆方式时,拉斗铲作业工作面参数影响推土机和刷帮单斗挖掘机的辅助作业量以及拉斗铲的二次倒堆量,不合理的拉斗铲作业工作面参数将导致露天煤矿生产能力降低、生产成本显著增大。此外,由于拉斗铲自重较大,拉斗铲站立在平整后的爆堆上作业存在滑坡等安全隐患。因此,需要综合考虑安全、技术、经济等多个方面因素,提出拉斗铲作业平台高度(作业平台顶距煤层顶板的高度)、作业平台宽度等的优化方法,以保证拉斗铲作业安全,提高拉斗铲生产效率,降低倒堆工艺系统剥离成本。

3.1 基于粒子群优化算法的作业平台临界高度计算

拉斗铲作业平台高度、倒堆排土台阶高度均存在一个临界高度,超过该临界高度时可能发生滑坡。可以利用成熟的边坡稳定性分析软件,模拟不同高度情况下边坡的稳定性,进而确定临界高度。但该方法较为烦琐,工作量大。

拉斗铲作业平台和倒堆排土台阶,可以看作是均质边坡,可采用均质边坡稳定性分析方法确定其临界高度。对于均质边坡,常采用圆弧法进行稳定性分析。其中,瑞典圆弧法是应用较为普遍的经典算法。为了避免重复分条进行求和计算,前人推导了瑞典圆弧法稳定系数的积分表达式,提出了不同的最小稳定系数及临界滑动面的求解方法;但他们假设边坡坡面为平面,对于坡面较复杂的边坡,由于坡面形状发生变化,积分结果也必然不同,其积分表达式已不再适用。

此外,当坡面形状比较复杂时,可能存在多个滑动面,其稳定系数与最小稳定系数相差较小。但滑动面位置与最危险滑动面位置完全不同,如果只找出最危险滑动面,对最危险滑动面进行支护,边坡仍可能沿其他滑动面滑动。因此,需要找出边坡所有的潜在滑动面,根据实际情况对部分或者所有潜在滑动面进行支护,以保证边坡的稳定。并且,当坡面形状较复杂时,还可能会出现试算滑动面与坡面相交,即"破弧"的情况,导致稳定系数计算更为复杂。

本节根据以上积分法的思路,推导了坡面复杂的均质边坡的稳定性计算积分表达式,提出了拉斗铲作业平台临界高度计算方法。研究结果也可用于均质边坡稳定性分析,以找出边坡的多个潜在危险滑动面,为边坡的防护提供科学的依据。

3.1.1 边坡稳定系数积分表达式推导

（1）边坡整体稳定系数积分表达式

对于坡面较为复杂的边坡,可假设坡面线由若干线段组成。如图 3-1 所示的边坡,坡面由 A_1A_2、A_2A_3、$\cdots$、$A_{n-1}A_n$ 共 $n-1$ 条线段组成,假设边坡为均质边坡,坡顶面、坡底面均为平面,并且没有坡面荷载及地下水等作用,边坡高度为 H,边坡体的容重为 γ,内摩擦角为 φ,黏聚力为 c。以坡脚 A_1 为原点建立图 3-1 中的坐标系,假设边坡危险圆弧半径为 R,圆弧圆心为 $C(x_c, y_c)$,滑动面与坡顶面的交点为 A_{n+1},与坡底面的交点为 A_0,A_i 的坐标为 $(x_i, y_i)(i=0,1,2,\cdots, n+1)$,则 $y_0=0, x_1=0, y_1=0, y_n=H, y_{n+1}=H$。

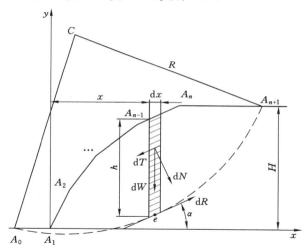

图 3-1　边坡稳定性分析坐标系与微分条块受力分析

假设线段 A_iA_{i+1} 的方程为：

$$y_{x_i} = k_i x + b_i, x_i \leqslant x \leqslant x_{i+1} \tag{3-1}$$

式中,$k_i = \dfrac{y_{i+1}-y_i}{x_{i+1}-x_i}$,$b_i = \dfrac{y_i x_{i+1}-y_{i+1} x_i}{x_{i+1}-x_i}(x_i \neq x_{i+1})$,$i=0,1,2,\cdots,n$。

圆弧 A_0A_{n+1} 的方程为：

$$y_a = y_c - \sqrt{R^2-(x-x_c)^2}, x_0 \leqslant x \leqslant x_{n+1} \tag{3-2}$$

对于无限小的条块,设其宽度为 $\mathrm{d}x$,高度为 h,则

$$h = y_{x_i} - y_a, x_i \leqslant x \leqslant x_{i+1} \tag{3-3}$$

条块自重 $\mathrm{d}W = \gamma h \mathrm{d}x$，作用在条块上的抗滑力、下滑力分别为：

$$\mathrm{d}R = c \sec \alpha \mathrm{d}x + \gamma h \tan \varphi \cos \alpha \mathrm{d}x \tag{3-4}$$

$$\mathrm{d}T = \gamma h \sin \alpha \mathrm{d}x \tag{3-5}$$

式中　　α——圆弧在 e 点的切线与 x 轴的夹角，$\sin \alpha = (x - x_c)/R$。

边坡的稳定系数 F 为所有抗滑力与所有下滑力绕圆弧圆心 C 点的力矩的比值，则边坡整体稳定性系数为：

$$F_z = \frac{M_{rz}}{M_{sz}} = \frac{c I_{rz} + \gamma \tan\varphi I_{cz}}{\gamma I_{sz}} \tag{3-6}$$

根据式(3-1)～式(3-5)，积分可得：

$$I_{rz} = \int_{x_0}^{x_{n+1}} R \sec \alpha \mathrm{d}x = R^2 (\delta_{n+1} - \delta_0) \tag{3-7}$$

$$I_{cz} = \sum_{i=0}^{n} \int_{x_i}^{x_{i+1}} R (y_{x_i} - y_a) \cos \alpha \mathrm{d}x$$

$$= P_{n+1} - P_0 + \sum_{i=0}^{n} \left[\frac{1}{3} k_i (S_i^3 - S_{i+1}^3) + \right.$$

$$\left. \frac{1}{2} (k_i x_c + b_i - y_c)(T_{i+1} - T_i) \right] \tag{3-8}$$

$$I_{sz} = \sum_{i=0}^{n} \int_{x_i}^{x_{i+1}} R (y_{x_i} - y_a) \sin \alpha \mathrm{d}x = \frac{1}{3} S_0^3 - \frac{1}{3} S_{n+1}^3 + \sum_{i=0}^{n} W_i \tag{3-9}$$

式中，$\delta_i = \arcsin \left(\dfrac{x_i - x_c}{R} \right)$，$S_i = \sqrt{R^2 - (x_i - x_c)^2}$，$T_i = (x_i - x_c) S_i + R^2 \delta_i$，

$P_i = R^2 x_i - \dfrac{1}{3}(x_i - x_c)^3$，$W_i = \dfrac{1}{3} k_i (x_{i+1}^3 - x_i^3) + \dfrac{1}{2}(b_i - k_i x_c - y_c)(x_{i+1}^2 -$

$x_i^2) + x_c (y_c - b_i)(x_{i+1} - x_i) (i = 0, 1, 2, \cdots, n)$。

若 $x_i = x_{i+1}$，则线段方程为 $x = x_i$，$y_i \leqslant y \leqslant y_{i+1}$，此线段范围内的相关积分结果为 0。

（2）边坡局部稳定系数积分表达式

当滑动面与坡面相交时，如图 3-2 所示，假设上、下两交点坐标分别为 $(x_{mr},$ $y_{mr})$、(x_{lr}, y_{lr})，则 $x_l \leqslant x_{lr} \leqslant x_{l+1} (0 \leqslant l \leqslant n-2)$，$x_m \leqslant x_{mr} \leqslant x_{m+1} (l+2 \leqslant m \leqslant n$，且 $l = 0$ 时 $m < n)$。

根据式(3-1)～式(3-5)，积分可得边坡局部稳定系数为：

$$F_j = \frac{M_{rj}}{M_{sj}} = \frac{c I_{rj} + \gamma \tan \varphi I_{cj}}{\gamma I_{sj}} \tag{3-10}$$

式中，

$$I_{rj} = \int_{x_l}^{x_{m+1}} R \sec \alpha \, dx = R^2 (\delta_{m+1} - \delta_l) \tag{3-11}$$

$$I_{cj} = \sum_{i=l}^{m} \int_{x_i}^{x_{i+1}} R(y_{x_i} - y_a) \cos \alpha \, dx$$

$$= P_{m+1} - P_l + \sum_{i=l}^{m} \left[\frac{1}{3} k_i (S_i^3 - S_{i+1}^3) + \right.$$

$$\left. \frac{1}{2}(k_i x_c + b_i - y_c)(T_{i+1} - T_i) \right] \tag{3-12}$$

$$I_{sj} = \sum_{i=l}^{m} \int_{x_i}^{x_{i+1}} R(y_{x_i} - y_a) \sin \alpha \, dx = \frac{1}{3} S_l^3 - \frac{1}{3} S_{m+1}^3 + \sum_{i=l}^{m} W_i \tag{3-13}$$

式中，δ_{m+1}、S_{m+1}、T_{m+1}、P_{m+1}、W_m 中的 $x_{m+1} = x_{mr}$，δ_l、S_l、T_l、P_l、W_l 中的 $x_l = x_{lr}$。

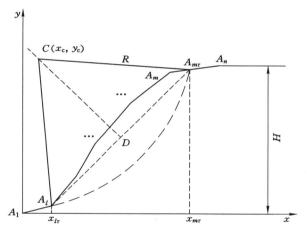

图 3-2 边坡局部稳定性分析示意图

3.1.2 边坡临界高度计算算法

1. 边坡整体稳定系数计算

把式(3-7)、式(3-8)、式(3-9)代入式(3-6)，把式(3-11)、式(3-12)、式(3-13)代入式(3-10)可知，对于已知的边坡，其稳定系数 F 仅为危险圆弧圆心 C 的横坐标 x_c、纵坐标 y_c 及半径 R 的函数，但很难利用解析的方法求得该函数的最小值，需要选取搜索变量通过试算求解。

由图 3-1 中的几何关系可知：

$$x_c = \frac{H^2 + x_{n+1}^2 - x_0^2}{2(x_{n+1} - x_0)} - \frac{H y_c}{x_{n+1} - x_0} \tag{3-14}$$

$$R = \sqrt{(x_{n+1} - x_c)^2 + (y_c - H)^2} \tag{3-15}$$

对于已知的边坡,当 x_0、x_{n+1}、y_c 确定时,x_c、R 可分别由式(3-14)、式(3-15)确定,进而可确定临界滑动面,因此可以选择 x_0、x_{n+1}、y_c 作为搜索变量,其中,$x_{n+1} \geqslant x_n$,$x_0 \leqslant 0$。为了缩小搜索范围,需要根据经验适当约束 x_0、x_{n+1}、y_c 的取值范围,使 $y_c \leqslant y_{c\max}$,$x_0 \geqslant x_{0\min}$,$x_{n+1} \leqslant x_{(n+1)\max}$。此外,为了避免出现"破弧",应满足 $\sqrt{(x_i - x_c)^2 + (y_i - y_c)^2} \leqslant R (i = 1, 2, \cdots, n)$。此时,求解最小稳定系数即为求解以下约束非线性规划问题:

$$F_{zm} = \min F_z(x_0, x_{n+1}, y_c)$$

$$\text{s.t.} \begin{cases} x_{0\min} \leqslant x_0 \leqslant 0 \\ x_n \leqslant x_{n+1} \leqslant x_{(n+1)\max} \\ y_c \leqslant y_{c\max} \\ \sqrt{(x_i - x_c)^2 + (y_i - y_c)^2} \leqslant R, i = 1, 2, \cdots, n \end{cases} \tag{3-16}$$

当确定的危险圆弧圆心在搜索区域边界上时,如 $y_c = y_{c\max}$、$x_0 = x_{0\min}$ 或者 $x_{n+1} = x_{(n+1)\max}$,需要适当扩大搜索区域,否则可能因确定的取值范围太小而遗漏最优解。以 $y_{c\max}$ 为例,当危险圆弧圆心纵坐标 $y_c = y_{c\max}$ 时,利用式(3-17)调整 $y_{c\max}$。

$$y_{c\max} = (1 + \lambda) y_{c\max} \tag{3-17}$$

式中 λ——系数。

分别采用穷举法、粒子群优化算法求解式(3-16),通过与穷举法求解结果的比较验证粒子群优化算法求解结果的正确性。

(1)穷举法

穷举法是使 x_0、x_{n+1}、y_c 在取值范围内按一定步长变化,求解每一种取值情况下的稳定系数 F_z,其中最小值即为最小稳定系数 F_{zm}。具体求解过程见图 3-3,该流程通过计算机编程很容易实现。

(2)粒子群优化算法

粒子群优化算法是由埃伯哈特和肯尼迪提出的一种基于群体智能的启发式算法。它利用群体中个体间的协作和信息共享通过迭代来寻找最优解。粒子群优化算法概念简单,需要调整参数较少,易于实现,收敛速度快,目前被广泛应用于离散与连续优化问题。

利用粒子群优化算法搜索边坡临界滑动面,可以把每个试算滑动面视为一个粒子,搜索变量数即为搜索空间维数,稳定系数 F_z 函数作为适应度函数。假设搜索空间是 D 维的,粒子群由 N 个粒子组成,第 i 个粒子在第 t 个时间步长的位置为 $O_i^t = (O_{i1}^t, O_{i2}^t, \cdots, O_{iD}^t)$,速度为 $v_i^t = (v_{i1}^t, v_{i2}^t, \cdots, v_{iD}^t)$。则粒子群优

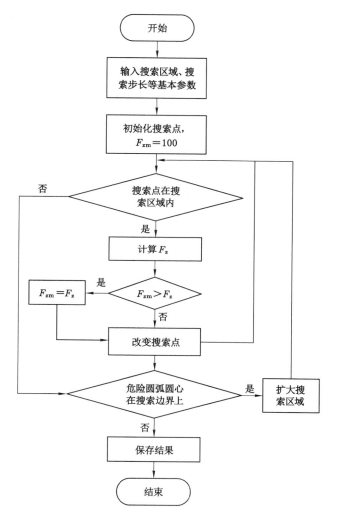

图 3-3 最小稳定系数计算流程图

化算法搜索边坡临界滑动面的流程如下：

① 参数初始化，包括群体规模 N、粒子的位置 O_i^t 与速度 v_i^t、粒子的最大速度 v_{max}、最大迭代次数 t_{max} 等。

② 检验确定的粒子位置是否符合几何条件，即能否保证确定的滑动面不出现"破弧"。若符合条件，则进行步骤③，否则调整粒子位置至满足几何条件时再进行步骤③。

③ 计算各个粒子的适应度值，即计算每个滑动面的稳定系数 $F_{zi}^t = F_z(O_{i1}^t, O_{i2}^t, \cdots, O_{iD}^t)$。

④ 比较每个粒子的适应度值 F_{zi}^t 与其经过的最优位置对应的适应度值 F_{zpi}，如果 $F_{zi}^t \leqslant F_{zpi}$，则粒子经过的最优位置 $O_{pi} = O_i^t$，粒子的最优适应度值 $F_{zpi} = F_{zi}^t$，否则 O_{pi} 与 F_{zpi} 保持不变。

⑤ 比较每个粒子的适应度值 F_{zi}^t 与全局最优位置对应的适应度值 F_{zg}，如果 $F_{zi}^t \leqslant F_{zg}$，则全部粒子经过的最优位置 $O_g = O_i^t$，全局最优适应度值 $F_{zg} = F_{zi}^t$，否则 O_g 与 F_{zg} 保持不变。

⑥ 根据式(3-18)、式(3-19)分别更新每个粒子的速度和位置。

$$v_i^{t+1} = wv_i^t + c_1 r_1(O_{pi} - O_i^t) + c_2 r_2(O_g - O_i^t)$$

$$v_{ij}^{t+1} = \begin{cases} v_{ij}^{t+1}, & |v_{ij}^{t+1}| \leqslant v_{j\max} \\ \dfrac{v_{ij}^{t+1}}{|v_{ij}^{t+1}|} v_{j\max}, & |v_{ij}^{t+1}| > v_{j\max} \end{cases} \tag{3-18}$$

$$O_i^{t+1} = O_i^t + v_i^{t+1} \tag{3-19}$$

式中　$i = 1, 2, \cdots, N$，$j = 1, 2, \cdots, D$；

　　　c_1, c_2——加速系数，通常取 $c_1 = c_2 = 2$；

　　　r_1, r_2——$[0,1]$ 之间的随机数；

　　　w——惯性因子，由式(3-20)确定。

式(3-19)中，当粒子飞出搜索空间，即 $O_{ij}^{t+1} > O_{j\max}$ 或 $O_{ij}^{t+1} < O_{j\min}$ 时，采用反射墙的处理方法，令 $v_{ij}^t = -v_{ij}^t$，$O_{ij}^{t+1} = O_{ij}^t - v_{ij}^t$。

$$w = w_{\max} - t \cdot \frac{w_{\max} - w_{\min}}{t_{\max}} \tag{3-20}$$

式中　$w_{\max}$——初始迭代惯性因子，$w_{\min}$ 为最终迭代惯性因子，取 $w_{\max} = 0.9$，$w_{\min} = 0.4$；

　　　$t_{\max}$——最大迭代次数，t 为本次迭代序数。

⑦ 若 $t < t_1$，则令 $t = t + 1$，转到步骤②，否则进行下一步。

⑧ 若全局最优适应度值满足式(3-21)，或者迭代次数 $t > t_{\max}$，则结束搜索，此时的 F_{zg} 即为最小稳定系数，其对应的滑动面即为临界滑动面；否则令 $t = t + 1$、$t_1 = t_1 + t_c$、$F_{zgo} = F_{zg}$，转到步骤②，进行下一次迭代。

$$|F_{zgo} - F_{zg}| \leqslant \varepsilon \tag{3-21}$$

式中　F_{zgo}——迭代 t_1 次的全局最优适应度值；

　　　F_{zg}——迭代 $t_1 + t_c$ 次的全局最优适应度值；

　　　ε——期望的最小误差。

式(3-21)要求经历 t_c 次迭代之后全局最优适应度值变化较小。

具体流程如图 3-4 所示。

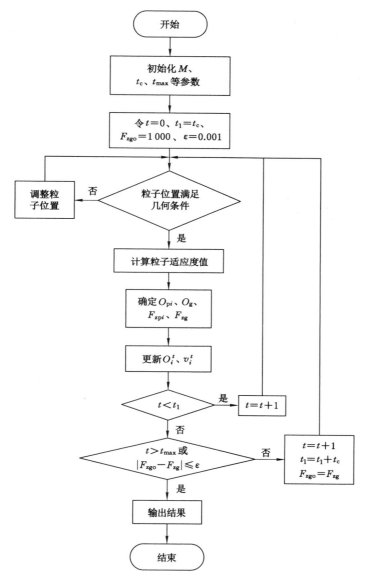

图 3-4　粒子群优化算法流程图

群体规模 N、最大迭代次数 t_{max} 等参数可以通过敏感性分析确定。

2. 边坡局部稳定系数计算

由图 3-2 的几何关系可知：

$$x_c = \frac{y_{mr}^2 - y_{lr}^2 + x_{mr}^2 - x_{lr}^2}{2(x_{mr} - x_{lr})} - \frac{y_{mr} - y_{lr}}{x_{mr} - x_{lr}} y_c \qquad (3-22)$$

$$R = \sqrt{(x_{mr} - x_c)^2 + (y_c - x_{mr})^2} \qquad (3-23)$$

对于已知的边坡,当 x_{lr}、x_{mr} 已知时,y_{lr}、y_{mr} 亦可确定,若 y_c 也已知,x_c、R 可分别由式(3-22)、式(3-23)确定,因此,可以选择 x_{lr}、x_{mr}、y_c 作为搜索变量。其中,x_{mr}、x_{lr} 的取值范围已知,$x_m \leqslant x_{mr} \leqslant x_{m+1}$,$x_l \leqslant x_{lr} \leqslant x_{l+1}$,只需适当估计 y_c 的取值范围,使 $y_c \leqslant y_{cmax}$。此时,求解最小稳定系数即为求解以下约束非线性规划问题：

$$F_{jm} = \min F_j(x_{mr}, x_{lr}, y_c)$$

$$\text{s. t.} \begin{cases} x_l \leqslant x_{lr} \leqslant x_{l+1} \\ x_m \leqslant x_{mr} \leqslant x_{m+1} \\ y_c \leqslant y_{cmax} \\ \sqrt{(x_i - x_c)^2 + (y_i - y_c)^2} \leqslant R \end{cases} \qquad (3-24)$$

式中,$0 \leqslant l \leqslant n-2, l+2 \leqslant m \leqslant n, m-l < n, i = l+1, l+2, \cdots, m$。

方程(3-24)的求解方法与方程(3-16)相同,在此不再赘述。对于图 3-2 中坡面上有 n 个点的边坡,共有 $[n(n-1)/2-1]$ 种可能的局部滑动面,即 m、l 共有 $[n(n-1)/2-1]$ 种取值。可利用方程(3-24)求得每种情况下的最小稳定系数。

3. 边坡临界高度计算

令台阶高度 H 从某一值开始按一定步长逐渐增大,求解每种情况下的稳定系数 F_z,直至台阶稳定系数等于设置的临界稳定系数,即可确定临界高度。

3.1.3　实例验证

为了证明本书边坡稳定系数计算方法的正确性,编写了相关程序代码,分别利用穷举法(Exhaustive Method, EM)、粒子群优化算法(Particle Swarm Optimization, PSO)计算了相关文献中的 5 个简单边坡的稳定系数,并与文献中的计算结果进行对比,如表 3-1 所示。文献采用的方法有变尺度法(Variable Metric Method, VMM)、解析法 1(Analytical Method 1, AM1)、解析法 2(Analytical Method 2, AM2)、瑞典圆弧法(Ordinary method, OM)、遗传算法(Genetic Algorithm, GA)计算了边坡稳定系数。

表 3-1 采用不同方法计算的边坡稳定系数

序号	坡角/(°)	H/m	C/kPa	φ/(°)	γ/(kN/m³)	方法	稳定系数	x_c/m	y_c/m
1	39.0	210.0	300.0	25.0	23.0	VMM	1.23	12.7	307.4
						PSO	1.24	12.5	307.2
						EM	1.23	12.9	307.1
2	26.6	13.5	57.5	7.0	17.3	AM1	2.08	—	—
						PSO	2.04	13.3	21.2
						EM	2.04	13.4	21.2
3	18.4	20.0	10.0	20.0	18.0	AM2	1.49	16.4	57.5
						PSO	1.49	16.3	54.7
						EM	1.49	16.4	57.5
4	26.6	12.0	29.0	20.0	19.2	OM	1.93	—	—
						PSO	1.89	8.1	20.1
						EM	1.89	8.1	20.0
5	26.6	25.0	10.0	26.6	20.0	GA	1.33	0	68.8
						PSO	1.31	4.3	58.4
						EM	1.31	4.5	58.0

由表 3-1 可知,穷举法、粒子群优化算法的计算结果与其他方法的计算结果十分接近,证明了本书的边坡稳定系数计算方法是正确的。如第 1 个边坡,利用变尺度法计算的稳定系数为 1.23,利用穷举法及粒子群优化算法计算的稳定系数分别为 1.23、1.24,穷举法计算的结果更加精确,粒子群优化算法的计算结果与穷举法相比,误差也较小,说明粒子群优化算法用于计算边坡稳定系数是可行的。

以上计算过程中,采用穷举法时各搜索变量的步长均为 0.1 m,粒子群优化算法的群体规模 N 为 20,最大迭代次数 t_{max} 为 100。在搜索范围等其他条件相同的情况下,穷举法的迭代次数及运行时间远大于粒子群优化算法,尤其当边坡较大时,穷举法的迭代次数可达几千万次,计算耗时较多,如表 3-2 所示。

表 3-2 穷举法与粒子群优化算法的对比

序号	方法	迭代次数	运行时间/s
1	EM	10 897 394	871.068
	PSO	100	0.423

表3-2(续)

序号	方法	迭代次数	运行时间/s
2	EM	73 441	5.292
	PSO	100	0.423
3	EM	4 328 958	346.002
	PSO	100	0.417
4	EM	892 133	70.783
	PSO	100	0.411
5	EM	4 651 688	376.618
	PSO	100	0.425

因此,粒子群优化算法与穷举法相比,计算误差较小,并能大幅降低计算工作量,采用粒子群优化算法可以高效、精确地计算边坡稳定系数。

粒子群优化算法的群体规模、迭代次数对计算结果影响较大。为了确定较优的群体规模、迭代次数,通过多次计算分析群体规模、迭代次数等的变化对粒子群优化算法的收敛速度、计算量及计算结果的影响。

以表 3-1 中的第二个边坡为例,首先,令 $N=20$,分析最小稳定系数及粒子位置随迭代次数的变化,结果分别见图 3-5、图 3-6。由图 3-5 可知,边坡的稳定系数随着迭代次数的增加而减小,在第 20 次迭代时即达到了最小值。由图 3-6 可以看出,在初始条件下,即 $t=1$ 时,各粒子分散在最优粒子周围,随着迭代次数的增加,粒子逐渐集中在最优粒子附近。尽管最终各粒子的位置较为集中,但各粒子并没有集中在最优粒子的位置,主要原因是粒子群优化算法容易陷入局部极值点附近。

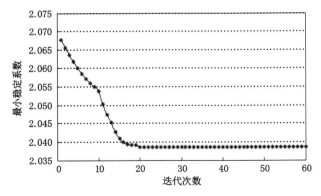

图 3-5　最小稳定系数随迭代次数的变化

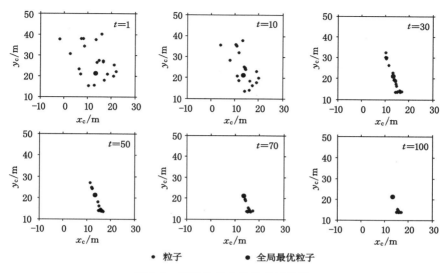

• 粒子   ● 全局最优粒子

图 3-6　不同迭代次数的粒子位置

　　然后,令 $t_{max} = 200$,分析群体规模 N 分别为 5、10、15、20、50 的情况下粒子群算法的收敛特性,结果如图 3-7 所示。图中群体规模为 15、20、50 时的收敛效果都较好,且不同群体规模的条件下都在 100 次迭代之前实现了收敛,说明粒子群优化算法易于收敛。因此,利用粒子群优化算法计算边坡稳定系数时,选择 $t_{max} = 100$,$N = 20$ 即可满足计算要求。

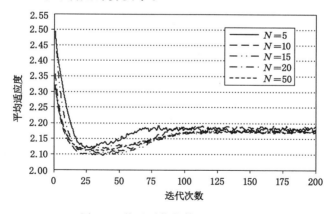

图 3-7　粒子群优化算法收敛曲线

　　简单边坡实例分析表明穷举法、粒子群优化算法的计算结果与其他方法的计算结果十分接近,本书的计算方法是正确的。此外,粒子群优化算法与穷举法相比,计算误差较小,并能大幅降低计算工作量,采用粒子群优化算法可以高效、精确地计算边坡稳定系数。

3.1.4 作业平台、倒堆排土台阶临界高度计算

拉斗铲倒堆物料主要是爆破破碎的砂岩、泥岩,根据《黑岱沟露天煤矿吊斗铲工艺技术改造初步设计报告》,排弃物料相关参数为内摩擦角33°,黏聚力20 kPa,密度1 800 kg/m³,自然安息角38°。

利用编写的代码计算出不同台阶高度情况下的稳定系数,并拟合两者的关系,如图3-8所示。

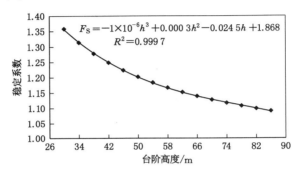

图3-8 台阶高度与稳定系数关系图

令边坡稳定系数为1.1,由图3-8可知,抛掷爆破后的松散物料组成的台阶临界高度为81 m,即倒堆排土台阶临界高度为81 m。

为了保证拉斗铲作业安全,要求拉斗铲作业平台稳定系数在1.2以上,通过计算可知,作业平台临界高度为33.2 m。

3.2 拉斗铲生产效率与工作面参数关系

3.2.1 拉斗铲走行时间

1. 拉斗铲走行距离

(1) 拉斗铲单向走行

图3-9中,拉斗铲前方为水平面,由于拉斗铲铲斗至回拉滚筒存在最小距离 L_{hlmin},导致拉斗铲能挖掘的最近位置为图中 C 点。受拉斗铲作业半径 R 的限制,同时,为了避免回拉绳的磨损,拉斗铲只能倒堆 ABC 区域内的岩石。

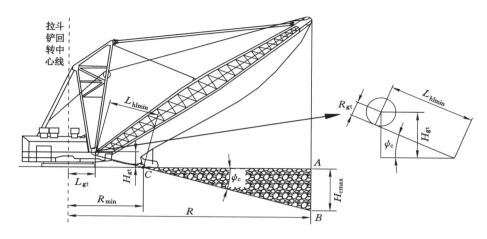

图 3-9　初始条件下最大挖掘深度示意图

根据图 3-9 中的几何关系可知：

$$L_{\text{hlmin}} \sin \psi_c + R_{\text{gt}} \cos \psi_c = H_{\text{gt}} \tag{3-25}$$

式中　L_{hlmin}——拉斗铲铲斗至回拉滚筒的最小距离，m；

　　　R_{gt}——回拉滚筒半径，m；

　　　H_{gt}——回拉滚筒中心高度，m；

　　　ψ_c——回拉绳与水平面的最大夹角，(°)。

利用等式(3-25)可求得 ψ_c，则拉斗铲最小挖掘半径为：

$$R_{\text{min}} = L_{\text{gt}} + L_{\text{hlmin}} \cos \psi_c - R_{\text{gt}} \sin \psi_c \tag{3-26}$$

式中　R_{min}——拉斗铲最小挖掘半径，m；

　　　L_{gt}——拉斗铲回拉滚筒至回转中心的距离，m。

此种条件下，拉斗铲的最大挖掘深度为：

$$H_{\text{cmax}} = (R - R_{\text{min}}) \tan \psi_c \tag{3-27}$$

式中　R——拉斗铲作业半径，m。

由于拉斗铲行走机构为迈步式，为了提高拉斗铲生产效率，其走行距离 L_{zx} 一般为行走步长 L_{xz} 的整数倍，即 $L_{\text{zx}} = n L_{\text{xz}}$。

假设 B_3 为拉斗铲勺斗宽度，H_z 为作业平台高度，β 为煤台阶坡面角，δ 为排弃物料自然安息角，令 $H_{\text{zz}} = H_z + h - \dfrac{B_3}{\cot \beta + \cot \delta}$，则在 $H_{\text{zz}} \leqslant H_{\text{cmax}} - L_{\text{xz}} \tan \psi_c$ 时，拉斗铲仅单向走行即可倒堆作业平台内的全部岩石。每次走行距离为：

$$L_{\text{zx}} = \left\lfloor \frac{(H_{\text{cmax}} - H_{\text{zz}}) \cot \psi_c}{L_{\text{xz}}} \right\rfloor L_{\text{xz}} \tag{3-28}$$

式中，⌊ ⌋为向下取整符号。

（2）往返走行，回拉绳与岩石不摩擦

当 $H_{zz} > H_{cmax} - L_{xz} \tan \psi_c$ 时，拉斗铲必须反向移动才可倒堆作业平台内的全部岩石。假设拉斗铲反向移动至距台阶坡顶线 l_{by} 的位置，如图 3-10 所示。

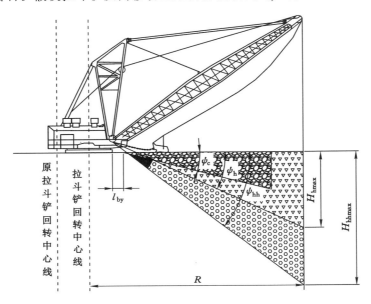

图 3-10 反向移动后的最大挖掘深度计算示意图

拉斗铲反向移动最大距离为：

$$L_{fxmax} = \left\lfloor \frac{R_{min} - R_{jz} - l_{sd}}{L_{xz}} \right\rfloor L_{xz} \tag{3-29}$$

式中 L_{fxmax}——拉斗铲反向移动最大距离，m；

l_{sd}——拉斗铲基座距作业面坡顶线的安全距离，m；

R_{jz}——拉斗铲基座半径，m。

假设拉斗铲反向走行距离 $L_{fx} = L_{fxmax}$，此时 l_{by} 取最小值：

$$l_{bymin} = R_{min} - R_{jz} - L_{fxmax} \tag{3-30}$$

在保证回拉绳不磨损的情况下，拉斗铲反向移动后可挖掘图 3-10 中三角形填充区域的岩石。此时根据图 3-11 中的几何关系可知，回拉绳最大倾角 ψ_h 满足下式：

$$R_{gt} \cos \psi_h + L_{hl}(\psi_h) \sin \psi_h = H_{gt} + h_{ch} \tag{3-31}$$

式中，

$$L_{hl}(\psi_h) = L_{hlmin} + \frac{\pi R_{gt}(\psi_h - \psi_c)}{180}$$

$$h_{ch} = [L_{hl}(\psi_h)\cos\psi_h - (R_{jz} - L_{gt} + R_{gt}\sin\psi_h + l_{by})]\tan\psi_c$$

ψ_h 是 l_{by} 的函数,利用式(3-31)可求得 ψ_h,若 $\psi_h > \delta$,则以步长 L_{xz} 增大 l_{by},直至 $\psi_h \leqslant \delta$。

这种情况下,拉斗铲最大挖掘深度为:

$$H_{hmax} = [R + R_{gt}\sin\psi_h - L_{gt} - (H_{gt} - R_{gt}\cos\psi_h)\cot\psi_h]\tan\psi_h \quad (3-32)$$

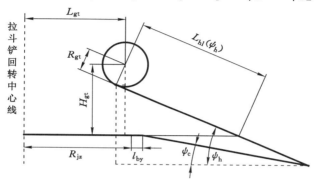

图 3-11　ψ_h 计算示意图

若此时 $H_{zz} \leqslant (H_{hmax} - L_{xz}\tan\psi_h)$,则拉斗铲通过往返走行在保证回拉绳不磨损的情况下即可倒堆作业平台内的全部岩石。拉斗铲正向走行距离为:

$$L_{zx} = L_{fx} + \left\lfloor \frac{(H_{hmax} - H_{zz})\cot\psi_h}{L_{xz}} \right\rfloor L_{xz} \quad (3-33)$$

(3) 往返走行,回拉绳与岩石摩擦

若 $H_{zz} > H_{hmax} - L_{xz}\tan\psi_h$、$l_{by} = l_{bymin}$ 且 $\psi_h < \delta$,则在保证回拉绳不磨损的情况下不能倒堆作业平台内的全部岩石,回拉绳必须与部分岩石(图 3-10 中纯色填充区域的岩石)摩擦才能增大挖掘深度。

根据几何关系可知:

$$R_{gt}\cos\psi_{hh} + (l_{bymin} + R_{gt}\sin\psi_{hh} + R_{jz} - L_{gt})\tan\psi_{hh} = H_{gt} \quad (3-34)$$

利用式(3-34)可求得 ψ_{hh},并令 $\psi_{hh} = \min\{\delta, \psi_{hh}\}$。此时,拉斗铲最大挖掘深度为:

$$H_{hhmax} = [R - L_{gt} + R_{gt}\sin\psi_{hh} - (H_{gt} - R_{gt}\cos\psi_{hh})\cot\psi_{hh}]\tan\psi_{hh}$$

$$(3-35)$$

若 $H_{zz} \leqslant H_{hhmax} - L_{xz}\tan\psi_{hh}$,则说明通过与部分岩石摩擦,拉斗铲能够倒堆作业平台内的全部岩石。

拉斗铲反向走行距离 $L_{fx}=L_{fxmax}$，拉斗铲正向走行距离为：

$$L_{zx}=L_{fx}+\left\lfloor \frac{(H_{hhmax}-H_{zz})\cot \psi_{hh}}{L_{xz}} \right\rfloor L_{xz} \tag{3-36}$$

2. 拉斗铲走行时间

在一幅采掘带内，拉斗铲走行时间包括空程返回时间和作业过程中的走行时间。其中，拉斗铲空程返回时间 t_{kc} 为空程走行距离 L_{kc} 与空程走行速度 v_{kc} 的比值；作业过程中的走行时间 t_{zy} 为作业走行距离 L_{zy} 与作业走行速度 v_{zy} 的比值。

当拉斗铲沿单作业中心线单向走行时[图 3-12(a)]，拉斗铲倒堆一幅剥离物的作业走行距离 $L_{zy}=L$。

当拉斗铲沿单作业中心线往返走行时[图 3-12(b)]，拉斗铲倒堆一幅剥离物的作业走行距离为：

$$L_{zy}=\left\lfloor \frac{L}{L_{zx}-L_{fx}} \right\rfloor (L_{zx}+L_{fx}) \tag{3-37}$$

当拉斗铲沿双作业中心线往返走行时[图 3-12(c)]，拉斗铲倒堆一幅剥离物的作业走行距离为：

$$L_{zy}=\frac{L\{2(n-1)L_{zx}+2nL_{fx}+\sqrt{B_{zx}^{2}+[(n-1)L_{zx}-nL_{fx}]^{2}}+\sqrt{B_{zx}^{2}+L_{zx}^{2}}\}}{n(L_{zx}-L_{fx})}$$

$$\tag{3-38}$$

式中　n——拉斗铲走铲一次反向移动次数；

　　　B_{zx}——两作业中心线垂直距离，与作业平台宽度 B_z 有关。

拉斗铲倒堆一幅剥离物的走行时间 $t_{dz}=t_{zy}+t_{kc}=\dfrac{L_{kc}}{v_{kc}}+\dfrac{L_{zy}}{v_{zy}}$。

3.2.2　拉斗铲作业周期

拉斗铲作业周期中，提升回转时间、反转下放时间、挖掘时间受作业平台高度和作业平台宽度的影响较大。

（1）提升回转时间

拉斗铲挖掘物料之后同时进行提升和回转动作，两者用时定义为提升回转时间，即

$$t_h=\max\left\{\frac{(\delta_n+\delta_w)}{\omega_z},\frac{H_{ts}}{v_{ts}}\right\} \tag{3-39}$$

式中　δ_n——拉斗铲向台阶内侧的内回转角度，(°)；

　　　δ_w——拉斗铲向台阶外侧的外回转角度，(°)；

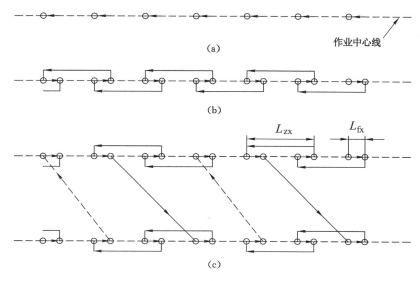

图 3-12　拉斗铲工作面走行路线示意图

ω_z——拉斗铲满斗平均回转角速度，rad/s；

H_{ts}——拉斗铲平均提升高度，m；

v_{ts}——拉斗铲平均提升速度，m/s。

由图 3-13 可知：

$$\delta_n = \arcsin \frac{l_n}{R}, \delta_w = \arcsin \frac{l_w}{R}$$

式中　R——拉斗铲作业半径；

l_n——剥离物重心距拉斗铲作业中心投影线的距离；

l_w——排弃重心距拉斗铲作业中心投影线的距离。

在拉斗铲作业方式、作业位置确定之后，l_n、l_w 主要与作业平台宽度 B_z 有关，可假设 $l_n = \lambda_n B_z$，$l_w = \lambda_w B_z$，λ_n、λ_w 可根据几何关系计算得出。因此，式（3-39）变为：

$$t_h = \max \left\{ \frac{\left[\arcsin(\lambda_n B_z / R) + \arcsin(\lambda_w B_z / R) \right]}{\omega_z}, \frac{H_{ts}}{v_{ts}} \right\}$$

拉斗铲做扩展平台、倒堆超前沟物料、倒堆作业平台外侧物料时的内、外回转角度均不一样，需要分别计算。

（2）反转下放时间

拉斗铲卸载物料之后同时进行回转和铲斗下放动作，两者用时定义为反转

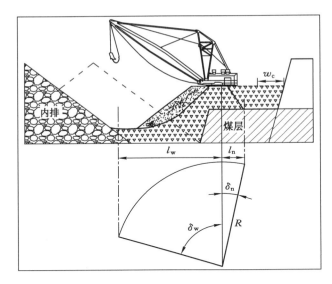

图 3-13　拉斗铲回转角度变化示意图

下放时间。一般回转耗时较多,因此反转下放时间为:

$$t_f = \frac{(\delta_n + \delta_w)}{\omega_k}$$

(3-40)

式中　ω_k——拉斗铲空斗平均回转角速度,rad/s。

在靠近高台阶一侧,为避免铲斗碰撞高台阶,需要小心下放铲斗,因此增加铲斗定位下放时间 t_{xf},t_{xf} 通常在 3～5 s 之间。

(3)挖掘时间

假设拉斗铲挖掘时间随着作业平台高度的增大先降低后增大,作业平台高度为 H_{z0} 时有最小值 t_{wmin},拉斗铲挖掘时间近似按式(3-41)计算:

$$t_w = k_w |H_z - H_{z0}| + t_{wmin}$$

(3-41)

式中　k_w——挖掘时间随平台高度变化的系数。

利用式(2-17)、式(3-39)～式(3-41)可得拉斗铲作业周期 $t_z = t_z(H_z, B_z)$。

3.2.3　拉斗铲生产效率

拉斗铲小时生产能力为:

$$Q_h = \frac{3\,600 E k_m}{t_z k_s}$$

(3-42)

式中　E——拉斗铲斗容,m³;

　　　k_m——满斗系数。

因此,拉斗铲倒堆一幅剥离物所需时间为:

$$T_F = \frac{AHLk_z}{Q_h} + t_{dz} + t_{zb} \tag{3-43}$$

式中　t_{zb}——拉斗铲作业平台准备等所需时间,h。

拉斗铲平均生产效率为:

$$Q_p = \frac{AHLk_z}{T_F} = \frac{AHLk_zQ_h}{AHLk_z + t_{dz}Q_h + t_{zb}Q_h} \tag{3-44}$$

3.3　基于非线性规划的工作面参数优化模型

3.3.1　相关变量计算方法

利用抛掷爆破爆堆的空间扫描数据可以得到爆堆纵剖面线,如图 3-14 所示。在图 3-14 中建立坐标系,则抛掷爆破爆堆曲线函数已知,假设为 $y = y_b(x)$。折线 $ABCDEF$ 的方程也可根据几何关系推导出来,假设为 $y = y_z(x)$,则爆堆截面积为:

$$
\begin{aligned}
S_{bd} &= \int_0^{x_F} \left[y_b(x) - y_z(x) \right] \mathrm{d}x \\
&= \int_0^{x_F} y_b(x) \mathrm{d}x - \frac{H^2 + 2Hh}{2\tan\alpha} - \frac{h^2}{2\tan\beta} - hA - \frac{1}{2}(x_F - x_E)^2 \tan\delta
\end{aligned} \tag{3-45}
$$

式中　S_{bd}——爆堆截面积,m^2;

　　　α——抛掷爆破台阶坡面角,(°);

　　　β——煤台阶坡面角,(°);

　　　δ——排弃物料自然安息角,(°);

　　　x_F——图 3-14 中点 F 的横坐标值;

　　　x_E——E 点的横坐标值,$x_E = \dfrac{H}{\tan\alpha} + \dfrac{h}{\tan\beta} + 2A$。

松散系数为:

$$k_s = \frac{S_{bd}}{AH} \tag{3-46}$$

直线 EF 的方程为:$y_{EF} = \tan\delta(x - x_E)$,令 $y_b(x) = \tan\delta(x - x_E)$ 可求得 x_F。

同理,D 点横坐标 $x_D = \dfrac{H}{\tan\alpha} + \dfrac{h}{\tan\beta} + A$,直线 DJ 的方程为 $y_{DJ} = \tan\delta(x -$

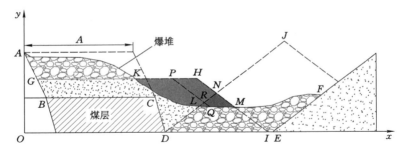

图 3-14　爆堆剖面图

x_D)，令 $y_b(x) = \tan\delta(x - x_D)$ 可求得 L 点的横坐标 x_L。则有效抛掷物料截面积为：

$$S_{yx} = \int_{x_D}^{x_L} y_{DJ}(x)\mathrm{d}x + \int_{x_L}^{x_F} [y_b(x) - y_z(x)]\mathrm{d}x$$
$$= \int_{x_L}^{x_F} y_b(x)\mathrm{d}x + \frac{1}{2}(x_L - x_D)^2\tan\delta - \frac{1}{2}(x_F - x_E)^2\tan\delta$$

$$(3-47)$$

有效抛掷率为：

$$k_1 = \frac{S_{yx}}{S_{bd}} \tag{3-48}$$

假设拉斗铲作业平台宽度为 B_z，作业平台高度为 H_z，则直线 GH 的方程为 $y_{GH} = h + H_z$，直线 HI 的方程为 $y_{HI} = -\tan\delta(x - x_H) + h + H_z$，$H$ 点横坐标 $x_H = \dfrac{H - H_z}{\tan\alpha} + B_z$，$I$ 点横坐标 $x_I = \dfrac{h + H_z}{\tan\delta} + x_H$。多边形 AGK 的面积为：

$$S_{AGK} = \int_0^{x_K} [y_b(x) - h - H_z]\mathrm{d}x - \frac{(H - H_z)^2}{2\tan\alpha} \tag{3-49}$$

多边形 $KLMH$ 的面积为：

$$S_{KLMH} = \int_{x_K}^{x_H} [y_{GH} - y_b(x)]\mathrm{d}x + \int_{x_H}^{x_M} [y_{HI} - y_b(x)]\mathrm{d}x \tag{3-50}$$

假设推土机、单斗挖掘机等辅助设备做扩展平台宽度为 B_{tt}，即图 3-14 中 P 点横坐标为 $x_P = x_K + B_{tt}$，则拉斗铲扩展平台宽度为 $B_d = x_H - x_P$，辅助扩展平台面积为：

$$S_{tt} = \int_{x_K}^{x_P} [y_{GH} - y_b(x)]\mathrm{d}x + \int_{x_P}^{x_Q} [y_{PQ} - y_b(x)]\mathrm{d}x \tag{3-51}$$

式中，$y_{PQ} = -\tan\delta(x - x_P) + h + H_z$。

拉斗铲扩展平台面积为：

$$S_d = S_{KLMH} - S_{tt} \tag{3-52}$$

当 $x_Q \leqslant x_L$ 时，辅助扩展平台内没有有效剥离量，拉斗铲扩展平台的有效剥离面积为：

$$S_{dy} = S_{LMN} = \int_{x_L}^{x_N} [y_{DJ} - y_b(x)] dx + \int_{x_N}^{x_M} [y_{HI} - y_b(x)] dx \tag{3-53}$$

当 $x_Q > x_L$ 时，直线 PQ 与 DJ 相交于 R 点，辅助扩展平台的有效剥离面积为：

$$S_{tty} = \int_{x_L}^{x_R} [y_{DJ} - y_b(x)] dx + \int_{x_R}^{x_Q} [y_{PQ} - y_b(x)] dx \tag{3-54}$$

辅助扩展平台有效率为：

$$k_{ky} = \frac{S_{tty}}{S_{bd}} \tag{3-55}$$

此时，拉斗铲扩展平台的有效剥离面积为：$S_{dy} = S_{LMN} - S_{tty}$。

拉斗铲重复倒堆率为：

$$k_2 = \frac{S_d - S_{dy}}{S_{bd}} \tag{5-56}$$

拉斗铲倒堆率为：

$$k_z = \frac{S_d + S_{dd}(H_z, B_z)}{S_{bd}} \tag{3-57}$$

式中　$S_{dd}(H_z, B_z)$——作业平台高度为 H_z、作业平台宽度为 B_z 时作业平台内
　　　　　　　　　需拉斗铲倒堆剥离面积，可利用式(3-71)计算。

通常，辅助扩展平台内的岩石来自多边形 AGK 区域内，拉斗铲扩展平台内岩石来自靠近抛掷爆破高台阶一侧挖掘超前沟（图 3-16 中 B_c 为超前沟顶部宽度）。

一般情况下，$S_{AGK} > S_{tt}$，作业平台宽度一定时，存在作业平台最大高度 H_{zmax} 使得 $S_{AGK} = S_{tt}$。若 $H_z < H_{zmax}$，则 $S_{AGK} > S_{tt}$，多余部分可直接排弃至内排土场，即产生辅助剥离量，辅助剥离面积 $S_f = S_{AGK} - S_{tt}$。

辅助剥离率为：

$$k_f = \frac{S_f}{S_{bd}} \tag{3-58}$$

由图 3-14 及式(3-49)、式(3-50)可知，作业平台高度越小，S_{AGK} 越大，S_{tt} 越小，辅助剥离量越大。

3.3.2　非线性优化模型建立

根据 3.3.1 的基础数据可知：辅助扩展平台量 $V_{tt} = LDS_{tt}/(k_s A)$，单斗卡

车辅助剥离量 $V_f = LDS_f/(k_s A)$，拉斗铲倒堆量 $V_d = LDk_z S_{bd}/(k_s A)$。其中，$D$ 为露天煤矿年推进度，m；A 为抛掷爆破台阶采掘带宽度，m。

假设在抛掷爆破爆堆上最多布置 n 台推土机，m 台单斗挖掘机。其中，推土机用于平整爆堆、辅助单斗挖掘机用于降段做扩展平台，单斗挖掘机除了做扩展平台之外，还可辅助剥离。单台推土机的年推土能力为 Q_{ta}，单台单斗挖掘机的年生产能力为 Q_{wa}，推土机完成扩展平台量与生产能力的比值为 η_t，单斗挖掘机用于做扩展平台的生产能力与总生产能力的比值为 η_w。

若 $V_{tt} \leqslant nQ_{ta}\eta_t$，则 $\eta_w = 0$，推土机扩展平台量为 $V_{tk} = V_{tt}$，单斗挖掘机扩展平台量 $V_{wk} = 0$；若 $V_{tt} > nQ_{ta}\eta_t$，则 $\eta_w = \dfrac{V_{tt} - nQ_{ta}\eta_t}{mQ_{wa}}$，$V_{tk} = \eta_t nQ_{ta}$，$V_{wk} = \eta_w mQ_{wa}$。

抛掷爆破爆堆年剥离总费用为：

$$P_{bs} = V_d c_d + V_{tk} c_{tk} + V_{wk} c_{wk} + V_f c_f \tag{3-59}$$

式中　c_d——拉斗铲倒堆成本，元/m³；

　　　c_{tk}——推土机扩展平台成本，元/m³；

　　　c_{wk}——单斗挖掘机扩展平台成本，元/m³；

　　　c_f——单斗卡车辅助剥离成本，元/m³。

作业工作面参数优化的目标为抛掷爆破爆堆年剥离总费用最小，因此，优化模型的目标函数为：

$$\min P_{bs} = V_d c_d + V_{tk} c_{tk} + V_{wk} c_{wk} + V_f c_f$$

优化模型的约束条件主要包括作业安全约束、拉斗铲线性尺寸约束、设备生产能力约束，将在 3.4 节进行详细分析。

假设拉斗铲小时生产效率为 Q_{d0} 时的倒堆剥离成本为 c_{d0}，倒堆剥离成本与拉斗铲生产效率成反比，拉斗铲生产效率为 Q_p 时的倒堆成本 $c_d = Q_{d0}c_{d0}/Q_p$。

假设推土机扩展平台成本与推土距离成正比，推土距离为 L_{tk0} 时的推土机扩展平台成本为 c_{tk0}，则推土机扩展平台成本为：

$$c_{tk} = \frac{L_{tk}c_{tk0}}{L_{tk0}} \tag{3-60}$$

式中　L_{tk}——推土机推土距离，$L_{tk} \approx \dfrac{1}{2}(x_P - x_G)$，m。

单斗挖掘机扩展平台成本为：

$$c_{wk} = c_w + c_y L_{ky} + c_p \tag{3-61}$$

式中　c_w——挖掘成本，元/m³；

　　　c_y——运输成本，元/(m³·km)；

c_p——排弃成本,元$/m^3$;

L_{ky}——做扩展平台的运输距离,$L_{ky} \approx \dfrac{1}{2}(x_P - x_G) + 2L_a$,m。

单斗卡车辅助剥离成本为:

$$c_f = c_w + c_y L_{fy} + c_p \qquad (3-62)$$

式中　L_{fy}——辅助剥离运输距离,$L_{fy} \approx \dfrac{1}{4}L + \dfrac{5}{2}A + (H_z + h)\cot\delta + H_p\cot\delta$,m。

3.3.3　模型求解方法

建立的作业工作面参数优化模型为典型的约束非线性规划模型。由于模型较为复杂,直接求解较为困难。但模型中仅有平台高度 H_z、平台宽度 B_z 两个决策变量,变量取值范围相对不大,且计算精度要求不高,因此选择采用穷举法求解模型。具体求解过程见图 3-15。

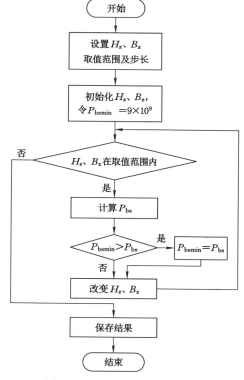

图 3-15　优化模型求解流程图

根据图 3-15 中的计算流程,可求得抛掷爆破爆堆年剥离总费用 P_{bs} 取最小值 P_{bsmin} 时作业平台高度、平台宽度的最优值 H_{zy}、B_{zy}。

3.4 作业工作面参数约束条件

3.4.1 作业安全约束

为了保证拉斗铲安全作业,要求作业平台最小宽度为:

$$B_{min} = 0.75D_{jz} + R_r + \Delta \qquad (3\text{-}63)$$

式中 D_{jz}——拉斗铲基座直径,m;

       R_r——拉斗铲尾部回转半径,m;

       Δ——安全间隙,m。

此外,为了保证拉斗铲作业平台及倒堆内排土场的稳定,作业平台高度及倒堆内排土台阶高度均不应超过其临界高度,即

$$\begin{cases} H_z \leqslant H_{zl} \\ H_p \leqslant H_{pl} \end{cases} \qquad (3\text{-}64)$$

式中 H_{zl}——作业平台临界高度,m;

       H_{pl}——倒堆排土台阶临界高度,m。

3.4.2 拉斗铲线性尺寸约束

(1)倒堆距离约束

受作业平台高度、拉斗铲作业半径等的限制,拉斗铲可排弃物料高度有限。根据图 3-16 中的几何关系可知:

$$H_{kp} = (B_z - H_z \cot \alpha + R - L_s - h \cot \beta - A) \tan \delta \qquad (3\text{-}65)$$

式中 B_z——拉斗铲作业平台宽度,m;

       H_z——拉斗铲作业平台高度,m;

       H_{kp}——拉斗铲可排弃物料最大高度,m;

       L_s——拉斗铲作业中心线至平台坡顶线的距离,m。

其中,受拉斗铲排弃高度限制,H_{kp} 必须满足以下关系:

$$H_{kp} \leqslant H_{dp} + H_z + h \qquad (3\text{-}66)$$

式中 H_{dp}——拉斗铲最大排弃高度,m。

为了保证倒堆内排土台阶的稳定,要求:

$$H_{kp} \leqslant H_{pl} \qquad (3\text{-}67)$$

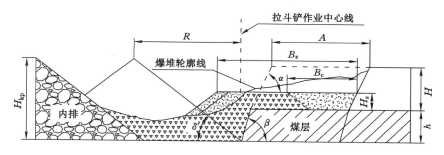

图 3-16　作业平台宽度计算示意图

倒堆内排土场可排土横断面面积 $S_p = AH_{kp} - \dfrac{1}{4}A^2 \tan \delta$，根据公式（2-8）可知，$H_{kp}$ 必须满足以下关系：

$$AH_{kp} - \frac{1}{4}A^2 \tan \delta \geqslant S_{bd} - S_f \tag{3-68}$$

（2）挖掘深度约束

拉斗铲站立在作业平台上可以进行上采或者下采作业。由于上采使拉斗铲挖掘速度降低、满斗率减小，降低拉斗铲的生产效率，故拉斗铲上采方式应用较少。而拉斗铲站立在作业平台上部下采，受线性尺寸的约束，且为了避免拉斗铲回拉绳与岩土之间的摩擦，其挖掘深度有限。根据 3.2.1 的分析可知，如果 $H_{zz} > H_{hmax} - L_{xz} \tan \psi_h$ 且 $\psi_h = \delta$，或者 $H_{zz} > H_{hhmax} - L_{xz} \tan \psi_{hh}$，则说明作业平台高度太大，拉斗铲难以倒堆作业平台内的全部岩石。因此，H_z 必须满足以下关系式：

$$\begin{cases} \left(H_z + h - \dfrac{B_3}{\cot \beta + \cot \delta}\right) \leqslant (H_{hmax} - L_{xz} \tan \psi_h), & \psi_h = \delta \\[4mm] \left(H_z + h - \dfrac{B_3}{\cot \beta + \cot \delta}\right) \leqslant (H_{hhmax} - L_{xz} \tan \psi_{hh}), & \psi_h < \delta \end{cases} \tag{3-69}$$

式中，$H_{hmax} \leqslant H_{dmax}$，$H_{hhmax} \leqslant H_{dmax}$，$H_{dmax}$ 为拉斗铲最大挖掘深度。

3.4.3　设备生产能力约束

（1）拉斗铲生产能力约束

为了满足露天煤矿推进强度的要求，拉斗铲作业平台内的剥离量不能太大。典型的拉斗铲作业平台纵剖面如图 3-17 所示。

拉斗铲站立在作业平台上进行倒堆时，实际完成的倒堆量为图 3-17 中斜线填充的区域及拉斗铲做扩展平台的部分。假设半区倒堆工作线长度为 L_0，则拉

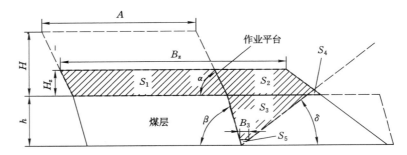

图 3-17 拉斗铲作业平台纵剖面图

斗铲半区倒堆物料体积为:

$$V_d(H_z,B_z) = [S_{dd}(H_z,B_z) + S_d]L_0 \tag{3-70}$$

式中 V_{dd} ——拉斗铲有效倒堆量,m^3。

根据图 3-17 中的几何关系可知:

$$S_{dd}(H_z,B_z) = S_1 + S_2 + S_3 - S_4 - S_5 \tag{3-71}$$

其中,

$$S_1 = AH_z$$

$$S_2 = \frac{1}{2}[2B_z - 2A + H_z\cot\delta - H_z\cot\alpha]H_z$$

$$S_3 = \frac{1}{2}h^2(\cot\beta + \cot\delta)$$

$$S_4 = \frac{\tan\delta}{4}[B_z + H_z\cot\delta - H_z\cot\alpha - A - h(\cot\beta + \cot\delta)]^2$$

$$S_5 = \frac{B_3^2}{2(\cot\beta + \cot\delta)}$$

受拉斗铲生产能力的限制,

$$V_d(H_z,B_z) \leqslant Q_p T_z \tag{3-72}$$

根据式(3-70)~式(3-72),可得:

$$\left[\frac{1}{2}(\cot\delta - \cot\alpha) - \frac{1}{4}\tan\delta(\cot\delta - \cot\alpha)^2\right]H_z^2 +$$

$$\left\{B_z - \frac{1}{2}\tan\delta[(B_z - A)(\cot\delta - \cot\alpha) - h(\cot\beta + \cot\delta)(\cot\delta - \cot\alpha)]\right\}H_z +$$

$$\frac{1}{2}h^2(\cot\beta + \cot\delta) - \frac{1}{4}\tan\delta[B_z - A - h(\cot\beta + \cot\delta)]^2 -$$

$$\frac{1}{2}B_3^2\left(\frac{\tan\beta\tan\alpha}{\tan\beta + \tan\alpha}\right) + S_d \leqslant \frac{Q_p T_z}{L_0} \tag{3-73}$$

（2）辅助设备生产能力限制

由于工作线长度的限制，抛掷爆破爆堆上可布置推土机、单斗挖掘机的台数有限，因此辅助设备的生产能力也有限。由于辅助设备首先保证做一定宽度的扩展平台，如有富余生产能力才可能用于辅助剥离，因此单斗卡车辅助剥离量为：

$$V_f \leqslant (1 - \eta_w)mQ_{wa} \tag{3-74}$$

3.5 作业平台高度动态调整方法

当煤层顶板沿工作线方向上起伏较大时，若作业平台高度采用优化值不变，将导致作业平台沿工作线方向起伏较大，不利于拉斗铲的作业和走行，有可能使拉斗铲作业平台出入口标高相差较大，出入口工程量大，拉斗铲回程路搭接困难；同时也导致倒堆内排土场起伏较大，不利于倒堆内排土场的平整。此外，露天矿露煤速度的不断调整也要求作业平台高度不断变化。因此，为了满足露煤进度、内排标高、拉斗铲作业及行走坡度的要求，作业平台高度需要随着煤层顶板起伏进行动态调整。

3.5.1 纵向限坡要求

假设拉斗铲作业时纵向坡度最大为 i_{zmax}，行走时纵向坡度最大为 i_{xmax}。为了满足拉斗铲行走、作业对纵向坡度的要求，可采用以下两种方式调整拉斗铲作业平台高度。

（1）按作业纵坡调整

以坡度 $i \leqslant i_{zmax}$ 逐渐调整作业平台高度。假设将长度为 L_0 的倒堆区划分为 n 个区域，第 i 个区域靠近拉斗铲出口侧的作业平台标高为 H_{Bi}，则

$$\frac{n(H_{Bi} - H_{B(i-1)})}{L_0} \leqslant \frac{i_{zmax}}{100}, i = 1, 2, \cdots, n \tag{3-75}$$

这种方式可以使拉斗铲作业平台较为平整，起伏较小，使拉斗铲能够持续正常作业，但该方式施工较为困难，工程量较大，且仅适用于煤层起伏不是很大的情况。

（2）局部按行走纵坡调整

当煤层起伏较大时，若仍按作业纵坡调整平台高度，可能导致作业平台高度局部过大或者过小，甚至破坏煤层顶板，影响拉斗铲生产效率。此时，通过建立坡度 $i \leqslant i_{xmax}$ 的斜坡道局部调整作业平台高度。

受拉斗铲作业半径的限制，作业平台局部调整高度为：

$$\Delta H_z \leqslant \frac{l_{xp} i_{xmax}}{100} \leqslant \frac{R i_{xmax}}{100} \tag{3-76}$$

式中 l_{xp}——斜坡道长度,m。

这种方式能够避免作业平台高度过大或者过小,有利于提高拉斗铲的生产效率,但作业平台起伏较大,会导致倒堆内排土台阶起伏较大。

3.5.2 内排标高要求

由于 $AH_p - \frac{1}{4} A^2 \tan \delta = S_{bd} - S_f$,$S_{bd} - S_f$ 是作业平台高度 H_z 的函数,因此倒堆内排台阶高度 H_p 也是 H_z 的函数,而 H_z 与露煤长度 l 亦存在函数关系 $H_z(l)$,因此,H_p 是 l 的函数,记为 $H_p(H_z(l))$。则倒堆结束后内排倒堆堆顶的标高为:

$$H_{ud}(l) = H_{dm}(l) + H_p(H_z(l)) \tag{3-77}$$

式中 $H_{ud}(l)$——内排倒堆堆顶标高,m;

$H_{dm}(l)$——煤底板标高,m。

当煤层底板沿工作线方向起伏较大时,可利用式(3-77),通过调整作业平台高度来控制排土场最下台阶的整体标高,从而避免内排土场台阶推平困难。

3.5.3 露煤进度要求

根据作业平台平均高度、煤层顶板等高线、拉斗铲作业限坡、采煤工作面推进度以及内排最下台阶设计标高,可在露煤长度方向上进行作业平台高度的设计,从而得到作业平台高度函数 $H_z(l)$。其中,l 为不考虑煤层推进条件下的煤顶板出露长度。$S(H_z)$ 随之变为复合函数 $S(H_z(l))$。为了满足露天煤矿露煤进度,$H_z(l)$ 需要同时满足下列关系式:

定积分条件:

$$\int_0^{L_0} H_z(l) \mathrm{d}l = \overline{H}_z L_0 \tag{3-78}$$

不定积分条件:

$$\int_0^l S(H_z(l)) \mathrm{d}l = k_s \int_0^t Q_a(H_z(l)) \mathrm{d}t \tag{3-79}$$

式中 $\overline{H}_z$——受拉斗铲生产能力限制的作业平台平均高度,m;

$l \in [0, L_0], t \in [0, T_z]$。

$H_z(l)$ 函数应根据工程需求进行调整,且满足要求的结果并不唯一。确定 $H_z(l)$ 之后,露煤长度 l 与拉斗铲作业时间 t 存在一一对应的关系。分别将 l 与

t 离散化,得到向量 $\boldsymbol{L}=(L_1,\cdots,L_{T_z})$,$\boldsymbol{T}=(T_1,\cdots,T_{T_z})$,其中,$T_1,\cdots,T_{T_z}=1$,$\sum(L_1,\cdots,L_{T_z})=L_0$。$L_1$、$L_n$ 可由式(3-80)、式(3-81)计算得出。

$$L_1=\frac{k_s\boldsymbol{Q}_a(H_z(0))}{S(H_z(0))} \tag{3-80}$$

$$L_n=\frac{k_s\boldsymbol{Q}_a(H_z(\sum_{i=1}^{n-1}L_i))}{S(H_z(\sum_{i=1}^{n-1}L_i))} \tag{3-81}$$

式中　$H_z(0)$——入口处作业平台高度;

$n\in[2,T_z]$。

离散化之后可将天数每增加一天与露煤长度的增量对应起来。其微分形式为:

$$\frac{\mathrm{d}l}{\mathrm{d}t}=\frac{k_s Q_a(H_z(\int_0^t l(t)\mathrm{d}t))}{S(H_z(\int_0^t l(t)\mathrm{d}t))} \tag{3-82}$$

利用式(3-80)、式(3-81)可以将 l 与 t 的关系由式(3-79)化简为如下的近似关系:

$$l(t)=\sum_{i=1}^t L_i \tag{3-83}$$

由于作业空间及作业安全的限制,露天煤矿煤层极限推进位置 l_m 与无采煤作业时煤层出露长度 l 之间存在简单的代数关系:

$$l-l_m=C_c+R+C_{a1}+C_{a2} \tag{3-84}$$

式中　C_c——煤层穿爆作业最小平盘宽度,m;

R——拉斗铲作业半径,m;

C_{a1}——拉斗铲与煤层穿爆区间的最小安全距离,m;

C_{a2}——煤层穿爆区与采煤工作面间的最小安全距离,m。

综上,设计作业平台高度函数 $H_z(l)$ 之后,即可确定煤层无推进情况下的露煤时间进度,即确定函数 $l(t)$,从而可以确定采煤工作面极限推进位置 $l_m(t)$。而采煤工作面换向和配煤工作安排对 $l_m(t)$ 有一定的要求,确定 $H_z(l)$ 之后需要检验 $l_m(t)$ 是否符合生产要求,不符合要求需要调整 $H_z(l)$。

根据煤层顶板横向剖面图,可以得到煤层顶板标高函数 $H_u(l)$,则作业平台标高函数为 $H_B(l)=H_z(l)+H_u(l)$。

3.5.4　平台高度调整步骤

作业平台高度调整步骤如下:

（1）根据计划原煤产量、单区余煤量等生产状况，利用式（2-19）、式（3-78）分别计算拉斗铲单区作业时间 T_z 和作业平台平均高度 $\bar{H}_z$。

（2）根据煤层顶板标高函数 $H_u(l)$，初步确定作业平台顶面标高函数为 $H_B(l)=\bar{H}_z+H_u(l)$，即确定了一条沿工作线方向上的曲线。

（3）观察拉斗铲出口及入口的工程位置，调节 $H_z(l)$ 与 $H_B(l)$。

（4）根据拉斗铲作业限坡的要求调节 $H_z(l)$ 与 $H_B(l)$。

（5）利用式（3-78）检查拉斗铲作业平台高度曲线是否满足作业平台平均高度的要求；利用式（3-83）、式（3-84）检查是否满足露煤进度的要求；利用式（3-77）检查是否满足内排标高的要求。不符合要求的部分调整 $H_z(l)$ 与 $H_B(l)$。

（6）检查各点的作业平台高度是否超过设备最大下挖高度及极限排放高度所允许的作业平台最大高度，超过的位置应降低作业平台高度。

（7）重复（4）、（5）、（6）直至满足各项要求。

3.6　工程实例

3.6.1　基础数据

以黑岱沟露天煤矿为例，该矿抛掷爆破台阶爆破后，首先采用 D11T 推土机平整爆堆顶部，为 EX3600 液压挖掘机刷帮做准备。然后，液压挖掘机刷帮并将部分物料倒堆至爆堆靠内排土场一侧。之后，WK55 或者 PH2800 单斗挖掘机采用端工作面的方式进行降段作业，直接倒堆或者采用卡车将物料排弃至爆堆靠内排土场一侧，为拉斗铲做作业平台。作业平台满足拉斗铲作业要求之后，拉斗铲从中部沟进入作业平台进行倒堆作业，使煤层露出。倒堆工艺相关参数见表 3-3。

表 3-3　倒堆工艺相关参数

参数	符号	单位	数值
煤矿生产能力	M_d	万 t	3 400
抛掷爆破台阶高度	H	m	38
采掘带宽度	A	m	85
抛掷爆破台阶坡面角	α	（°）	65
抛掷爆破台阶工作线长度	L	m	2 200
煤层厚度	h	m	28.8

表 3-3(续)

参数	符号	单位	数值
煤台阶坡面角	β	(°)	75
排弃物料自然安息角	δ	(°)	38

拉斗铲相关参数见表 3-4。

表 3-4　拉斗铲相关参数

参数	符号	单位	数值
拉斗铲作业半径	R	m	100
拉斗铲基座直径	D_{jz}	m	21.3
拉斗铲尾部回转半径	R_r	m	29.5
拉斗铲作业中心线至平台坡顶线的距离	L_s	m	20
拉斗铲基座距作业面坡顶线的安全距离	l_{sd}	m	5
拉斗铲最大排弃高度	H_{dp}	m	45.1
铲斗至回拉滚筒的最小距离	L_{hlmin}	m	20
回拉滚筒半径	R_{gt}	m	1.625
回拉滚筒中心高度	H_{gt}	m	6.6
回拉滚筒至回转中心的距离	L_{gt}	m	9
基座半径	R_{jz}	m	10.65
行走步长	L_{xz}	m	2.3

抛掷爆破后,采用三维激光扫描仪扫描爆堆,获得爆堆的三维空间形态数据。沿工作线每隔一定距离作爆堆纵剖面,可得到爆堆纵剖面线。对获得的爆堆剖面线数据进行多项式拟合(图 3-18),即可得到抛掷爆破爆堆曲线函数,见式(3-85)。

$$y_b(x) = -3.59 \times 10^{-9}x^5 + 1.858 \times 10^{-6}x^4 - 3.199 \times 10^{-4}x^3 +$$
$$1.985 \times 10^{-2}x^2 - 0.524\,3x + 59.75 \tag{3-85}$$

数据拟合的确定系数 R-squared $= 0.966$,校正决定系数 Adjusted R-squared$=0.964\,6$,说明方差变量对 y 的解释能力较强,且残差没有明显的系统性趋势,呈现出随机性,如图 3-19 所示。因此,数据拟合效果较好。

通过计算,爆堆截面积为 4 014.36 m^2,物料松散系数为 1.24,有效抛掷物料截面积为 1 195.50 m^2,有效抛掷率为 29.78%。

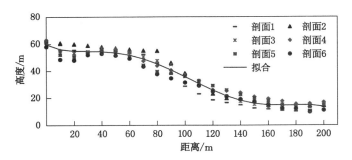

图 3-18　爆堆剖面线多项式拟合

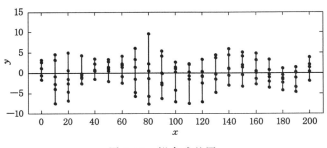

图 3-19　拟合残差图

3.6.2　拉斗铲生产效率

令作业平台宽度为 120 m，作业平台高度在 10～22 m 之间变化，将相关数据代入式（3-36）～式（3-44），可得拉斗铲生产效率与作业平台高度的关系曲线，如图 3-20 所示。令作业平台高度为 13 m，作业平台宽度在 108～130 m 之间变化，可得拉斗铲生产效率与作业平台宽度的关系曲线，如图 3-21 所示。

由图 3-20 可知，随着作业平台高度的增大，拉斗铲生产效率先增大后降低。作业平台高度为 13.3 m 时，拉斗铲生产效率最高，为 4 042.43 m^3/h。为使拉斗铲的生产效率不低于 3 850 m^3/h，要求作业平台高度应在 11.4～17.8 m 之间。由图 3-21 可知，随着作业平台宽度的增大，拉斗铲生产效率也先增大后降低。在平台宽度为 118.1 m 时，拉斗铲生产效率最高，为 4 009.42 m^3/h。作业平台宽度在 108～126 m 范围内，拉斗铲生产效率变化较小；当作业平台宽度大于 127 m 时，拉斗铲生产效率显著下降。通过计算可知，作业平台高度为 13.3 m，宽度为 118.1 m 时，拉斗铲生产效率最大，为 4 043.02 m^3/h。

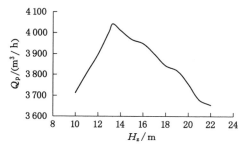

图 3-20　拉斗铲生产效率与
平台高度的关系曲线

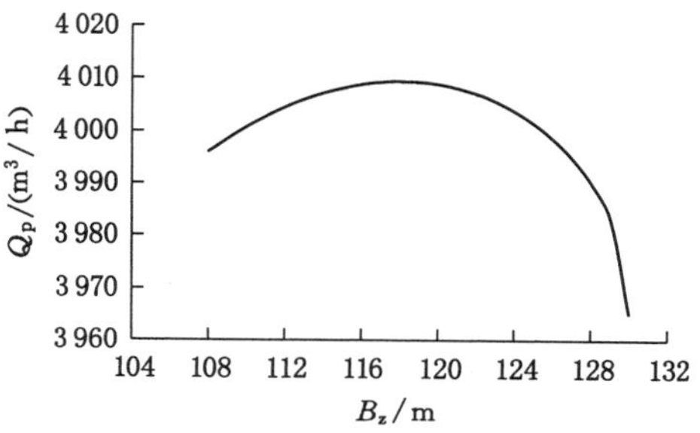

图 3-21　拉斗铲生产效率与
平台宽度的关系曲线

3.6.3　工作面参数优化

1. 约束条件

（1）作业安全约束

对于 8750-65 型拉斗铲，$D_{jz}=21.3$ m，$R_r=29.5$ m，$\Delta=5$ m，利用式（3-63）计算可得 $B_{min}=50.475$ m。

根据 3.1.4 节计算可知：作业平台临界高度 $H_{zl}=33.2$ m，倒堆排土台阶临界高度 $H_{pl}=81$ m。

（2）拉斗铲线性尺寸约束

① 倒堆距离约束

利用式（3-65）～式（3-68）计算可得：

$$\begin{cases} H_{kp}=0.781\ 3B_z-0.364\ 3H_z-9.935\ 6 \\ 67.90 \leqslant H_{kp} \leqslant 81.0, H_z \geqslant 7.10 \\ 67.90 \leqslant H_{kp} \leqslant 73.9+H_z, 0 \leqslant H_z < 7.10 \end{cases}$$

② 挖掘深度约束

利用式（3-25）～式（3-69）可得：$\psi_c=14.86°$，$R_{min}=27.91$ m，$H_{cmax}=19.12$ m。由于 $H_{zz}>H_{cmax}-L_{xz}\tan\psi_c$，拉斗铲必须反向移动才可倒堆作业平台内的全部岩石。

拉斗铲反向移动最大距离 $L_{fxmax}=11.5$ m，$l_{bymin}=5.76$ m，在保证回拉绳不磨损的情况下，$\psi_h=23.29°$，这种情况下拉斗铲最大挖掘深度 $H_{hmax}=34.24$ m。

当 $H_z \leqslant 7.68$ m 时，$H_{zz} \leqslant H_{hmax}-L_{xz}\tan\psi_h$，拉斗铲通过往返走行在保证回拉绳不磨损的情况下即可倒堆作业平台内的全部岩石。

当 $H_z>7.68$ m 时，$H_{zz}>H_{hmax}-L_{xz}\tan\psi_h$，$l_{by}=l_{bymin}$ 且 $\psi_h<\delta$，在保证回

拉绳不磨损的情况下不能倒堆作业平台内的全部岩石。

在回拉绳与部分岩石摩擦的情况下，$\psi_{hh}=32.74$ m，$H_{hhmax}=53.75$ m。为了保证拉斗铲能够倒堆作业平台内的全部岩石，要求 $H_z \leqslant 26.70$ m。

由于黑岱沟露天煤矿的拉斗铲作业平台高度一般在 10 m 以上，所以拉斗铲必须采用"往返走行，回拉绳与部分岩石摩擦"的方式作业，作业平台高度最大为 26.70 m。

（3）设备生产能力约束

① 拉斗铲生产能力约束

根据式(3-52)、式(3-73)计算可得：

$$0.277\,5H_z^2 - 0.195\,3B_z^2 + 0.682\,2B_zH_z + 51.185\,5H_z + $$
$$50.619\,2B_z - 3\,140.5 \leqslant 2\,865.379$$

② 辅助设备生产能力限制

根据式(3-58)、式(3-74)计算可得 $S_{AGK} \leqslant 1\,590.6$，即要求 $H_z \geqslant 4$ m。

2. 优化模型及求解

综合以上约束条件，可以确定黑岱沟露天煤矿拉斗铲作业平台参数优化模型为：

$$\min P_{bs} = V_d c_d + V_{tk} c_{tk} + V_{wk} c_{wk} + V_f c_f$$

$$\text{s.t.} \begin{cases} 67.90 \leqslant 0.781\,3B_z - 0.364\,3H_z - 9.935\,6 \leqslant 81.0, H_z \geqslant 7.10 \\ 67.90 \leqslant 0.781\,3B_z - 0.364\,3H_z - 9.935\,6 \leqslant 73.9, 4 \leqslant H_z < 7.10 \\ 0.277\,5H_z^2 - 0.195\,3B_z^2 + 0.682\,2B_zH_z + 51.185\,5H_z + 50.619\,2B_z - \\ \quad 3\,140.5 \leqslant 2\,865.379 \\ 4 \leqslant H_z \leqslant 26.70 \end{cases}$$

利用 Matlab 编写相关代码，代入相关数据，采用穷举法可求得 $H_z=14.6$ m、$B_z=118$ m 时，抛掷爆破爆堆年剥离总费用 P_{bs} 取最小值 15 771.5 万元。即最优作业平台高度为 14.6 m，平台宽度为 118 m。

3.6.4　作业平台高度调整

以黑岱沟露天煤矿东半区靠近端帮一侧为例，该区域煤层顶板标高由西向东从 1 037 逐渐提高至 1 047，由于煤层起伏较大，按走行纵坡调整作业平台高度，作业平台标高初始为 1 053.3，在 1/3 爆区长度处提高至 1 056.6，在 2/3 爆区长度处提高至 1 059.9，如图 3-22 所示。调整后，作业平台高度仍为 14.6 m，能满足限坡、露煤进度等要求。

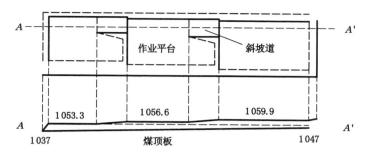

图 3-22 作业平台高度调整示意图

4 高台阶抛掷爆破参数设计理论

露天煤矿需要合理的设计抛掷爆破参数,以控制岩石抛掷方向、爆堆形状、块度组成等,提高露天煤矿后续生产环节的生产效率,降低露天煤矿的生产成本。但由于露天煤矿抛掷爆破爆破规模较大、爆区不规则、同一爆区内岩层结构存在较大变化等原因,要建立完整的理论模型来确定爆破参数很不现实。传统的爆破设计手段较难保证爆破设计的精准、高效,更难以保证爆破设计的科学性与合理性,不利于提高爆破效果、降低爆破成本。因此,需要结合爆破理论及工程实践,提出抛掷爆破智能设计方法。

4.1 高台阶抛掷爆破机理及设计方法

4.1.1 高台阶抛掷爆破机理分析

露天煤矿抛掷爆破时,成排柱状药包可近似等效成平面药包。药包起爆后,冲击波使岩石压缩破碎形成初始裂隙,冲击波衰减变成压缩应力波。与此同时,爆生气体向各个方向猛烈膨胀。一定时间后,气体腔向临空面反方向的膨胀停止,向临空面方向的膨胀增强。当炮孔间的距离在某一极限值范围内时,受应力波和爆生气体的共同作用,药包分布平面上各气体腔相连形成总气体腔。此时,气体腔仅向临空面方向膨胀,使分布在装药平面和临空面之间的岩石破碎,并沿着岩体临空面的法线方向被推出。当气体腔内的压力接近大气压力时,岩石加速过程停止,开始自由飞行。岩石受重力、空气阻力、采场空间的影响,最终停止运动,实现定向抛掷,形成抛掷爆破爆堆,如图4-1所示。

露天煤矿抛掷爆破范围大,炸药用量大,炸药爆炸威力强,为了降低爆破震动,通常采用孔间微差爆破技术。爆区内同一排的炮孔按设计的延期时间从起爆孔依次起爆,同时,排间的炮孔也按照一定的延期时间依次向后排传爆,从而错开爆区内相邻炮孔的起爆时间,控制爆区同时起爆炮孔数量。此外,如果各药包延时间隔小于某极限值,岩石通常会向迟发药包的一侧抛掷,如图4-2所示。采用微差爆破可以控制抛掷爆破的定向性、密集性。

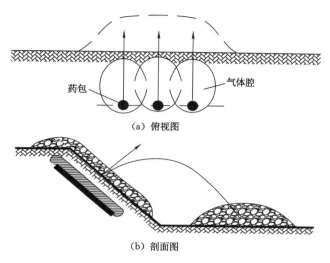

（a）俯视图

（b）剖面图

图 4-1　密集柱状药包抛掷爆破岩体运动示意图

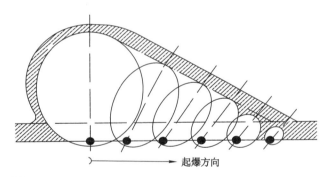

图 4-2　亚临界延时间隔微差爆破岩石单侧定向抛掷示意图

4.1.2　经验公式设计法

设计抛掷爆破参数比较可行的方法是根据工程地质条件及工程经验初步确定爆破参数,然后根据现场试验逐步对参数进行优化。目前国内主要根据经验公式或者列线图确定抛掷爆破参数。

露天煤矿高台阶抛掷爆破参数主要包括:炮孔直径 d、炮孔倾角 β、最小抵抗线 W_d、孔距 a、排距 b、炮孔装药长度 l_c、炮孔填塞长度 l_{ts}、排间延时 t_p、孔间延时 t_k、孔内延时 t_{kn} 等。

（1）炮孔直径 d

炮孔直径直接影响施工的效率和生产成本,应综合考虑地质条件、现场钻机型号和炮孔深度等确定炮孔直径。通常,大孔径钻机的钻孔偏差较小,钻孔深度大;增大孔径可以增大孔距,使钻孔工作量减小,有利于加快施工进度。

（2）炮孔倾角 β

倾斜炮孔可以减小台阶底部岩石阻力、缩小上部堵塞部位周围岩体体积,能够有效利用炸药能量,提高破碎效果,增加抛掷距离,有利于台阶的稳定,保证生产作业的安全性,并可以增加炮孔长度,在炸药单耗相同的情况下,可增大排距、孔距,减少钻孔费用。

如图 4-3（a）所示,采用垂直炮孔时,炮孔底部的炸药大约有 50% 的能量损失,另外 50% 的能量以压缩波的形式在岩石中传播,到达自由面后变成拉伸波破坏岩石。如图 4-3（b）所示,采用 45° 倾斜炮孔时,炮孔底部炸药能量 100% 被利用。此外,有关研究证明炮孔倾角为 70° 时,炮孔底部 72% 炸药能量被利用,比垂直炮孔增加 22%,并可增加 30% 的破碎量。同样,在炮孔上部,采用倾斜炮孔可以使较多的炸药能量和冲击波进入上部岩石。当上部遇到特别坚硬的岩石时,倾斜炮孔更有助于破碎岩石。同时,倾斜炮孔可以降低药柱,增加堵塞长度,能更加有效地利用炸药能量。

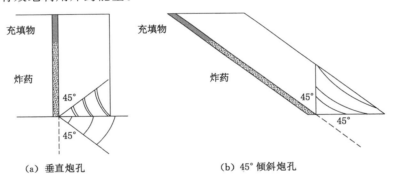

图 4-3 垂直炮孔与倾斜炮孔

此外,垂直炮孔上、下抵抗线不同,当下部抵抗线较大时不可能有效地破碎、抛掷底部岩石;如尽量减小下部抵抗线时,上部抵抗线可能会过小而出现冲炮现象,使炸药能量大量损失。利用倾斜炮孔可以解决此问题,当采用与台阶面平行的倾斜炮孔时,台阶上下抵抗线大小一样,可取得较好的破碎、抛掷效果。

尽管炮孔倾角为 45° 时,100% 的炮孔底部炸药能量被利用,但 45° 炮孔较难施工,当炮孔潮湿时更难把炸药装到孔底,因此一般不使用 45° 的倾斜炮孔。确定炮孔倾角时,既要考虑充分有效利用炸药能量、达到较好的抛掷效果,又要考虑装药的难易与效率。

有文献根据弹道理论通过计算得出炮孔倾角 β 在 $60°\sim70°$ 之间时抛掷距离最大,抛掷效果最好。

（3）最小抵抗线 W_d

比较常用的确定最小抵抗线的公式有：

$$W_d = Kd \tag{4-1}$$

$$W_d = a/k \tag{4-2}$$

式中　K——系数,取 $20\sim30$；

　　　a——孔距,m；

　　　k——系数,取 $1\sim6$。

（4）孔距 a、排距 b

孔距可以按式 $W_d = a/k$ 确定,三角布孔时有：

$$b = 0.866a \tag{4-3}$$

或利用经验公式确定排距,即

$$b = c_d d \tag{4-4}$$

式中　c_d——常数,取值 $20\sim40$。

（5）炮孔填塞长度 l_{ts}

$$l_{ts} \geqslant 0.75W_d \tag{4-5}$$

$$l_{ts} = (20\sim40)d \tag{4-6}$$

（6）炮孔装药长度 l_c

正常情况下炮孔装药长度 $l_c = l_b - l_{ts}$,但对于前排孔,为了保护煤层顶面不受破坏,通常会有一定的欠深,则其炮孔装药长度为：

$$l_c = l_b - l_{ts} - l_{qs} \tag{4-7}$$

式中　l_b——炮孔长度,m；

　　　l_{qs}——欠深,一般取 $1\sim3$ m。

（7）排间延时 t_p、孔间延时 t_k、孔内延时 t_{kn}

排间延时可按式（4-8）确定：

$$t_p = (6\sim10)b \tag{4-8}$$

根据国外经验,一般排间延时 $t_p = 75\sim200$ ms,孔间延时 $t_k = 10\sim25$ ms,孔内延时 $t_{kn} = 450\sim600$ ms。

4.1.3　程序化的列线图法

1. 列线图模型介绍

咨询工程师阿波洛尼娅建立了确定抛掷爆破参数的列线图模型。模型可以根据岩石可爆性、钻孔设备参数、台阶高度、抛掷距离及炸药性质确定孔距、排距、炸药单耗等抛掷爆破参数,并能检验确定的爆破参数的合理性。

模型需要输入的参数包括:炮孔直径 d(m)、台阶高度 H(m)、炸药密度 ρ(kg/m³)、抛掷距离 R(m)、岩石应变能系数 F_E。

模型中间参数有 C_1、C_2:

$$C_1 = \frac{10.763\ 9\rho_1}{qk_2} \tag{4-9}$$

$$C_2 = \frac{0.304\ 8k_1C_1}{H} \tag{4-10}$$

式中　k_1,k_2——系数;

ρ_1——线装药密度,kg/m;

q——炸药单耗,kg/m³。

岩石类别根据应变能系数和可爆性系数划分,部分岩石应变能系数如表 4-1 所示。

表 4-1　岩石类型与应变能系数的关系

岩石类型	岩石分类	岩石抗压强度/MPa	应变能系数	可爆性系数
第三纪岩石	Ⅰ	27	2.9	2.53
	Ⅱ	30	2.9	2.53
	Ⅲ	66	3.3	2.71
白垩纪岩石	Ⅱ	21	2.8	2.46
	Ⅲ	49	3.1	2.66
宾夕法尼亚纪岩石	Ⅵ	87	3.5	2.63
	Ⅶ	122	3.9	2.36
	Ⅷ	108	3.7	2.50

利用列线图模型确定抛掷爆破参数的步骤如下:

(1) 如图 4-4 所示,根据抛掷距离 R 和岩石应变能系数 F_E 取值画一条线段,根据线段与炸药单耗标尺的交点确定炸药单耗 q。如果没有岩石应变能系数 F_E,可令 $F_E=3.0$。

(2) 根据炮孔直径 d、炸药密度 ρ 计算线装药密度 $\rho_1 = \frac{1}{4}\pi d^2 \rho$。

(3) 令 $k_1=1$、$k_2=1$,利用式(4-9)和式(4-10)分别计算 C_1、C_2。

(4) 在图 4-5 上,根据 C_1、C_2 确定 C_3。

(5) 令 $C_3'=C_3$、$C_2'=C_2$,根据 C_3'、C_2' 确定排距 b。

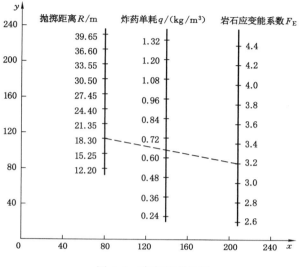

图 4-4 确定炸药单耗

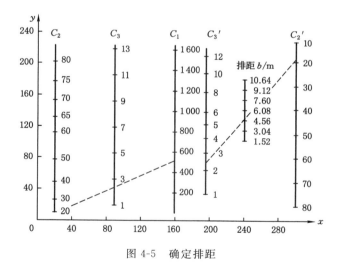

图 4-5 确定排距

（6）将 b 值代入式(4-11)，计算装药长度 l_c，并计算炮孔装药量 $Q = l_c \rho_1$。

$$l_c = H - k_1 b \tag{4-11}$$

（7）图 4-6 中，根据岩石应变能系数 F_E 确定岩石可爆性系数 F_{E0}，然后在岩石可爆性系数 F_{E0} 和炮孔装药量 Q 之间画一条线段，确定最优排距 b'。

（8）比较 b 与 b'。如果两者大致相等，则可确定抛掷爆破参数，其中孔距

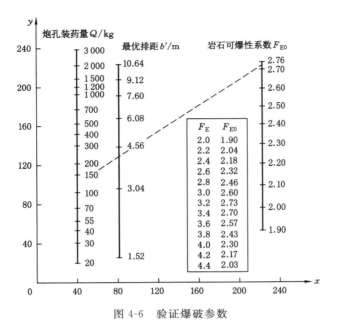

图 4-6　验证爆破参数

a、填塞长度 l_{ts} 分别利用式(4-12)、式(4-13)计算：

$$a = b/k_2 \tag{4-12}$$

$$l_{ts} = k_1 b \tag{4-13}$$

（9）如果两者相差较大，则减小 k_1，根据经验公式 $k_2 = k_1^3$ 确定 k_2，重新计算 C_1、C_2。重复步骤（3）～（8），直到 b 与 b' 基本相等。

2. 列线图模型程序化

建立图 4-4、图 4-5、图 4-6 所示的坐标系，根据各变量标尺在图中的位置，可得各变量值与坐标轴 x、y 的关系式。

以抛掷距离 R 为例，其标尺刻度间距相等，R 值增加 3.05 对应 y 值增加 16.7，$R = 12.20$ 的点对应 $x = 80$，$y = 80$。因此可得抛掷距离 R 与 x、y 的关系式：

$$\begin{cases} x = 80 \\ y = 5.475\,4R + 13.2 \end{cases} \tag{4-14}$$

同理，可确定岩石应变能系数 F_E 与 x、y 的关系式：

$$\begin{cases} x = 207.99 \\ y = 110F_E - 265.85 \end{cases} \tag{4-15}$$

C_1 与 x、y 的关系式：

$$\begin{cases} x = 159.27 \\ y = 0.130\,15C_1 + 8.72 \end{cases} \tag{4-16}$$

炸药单耗 q、C_3、b 与 x、y 的关系分别为：

$$\begin{cases} x = 139.02 \\ q = 5.454\,5 \times 10^{-3} y + 0.097 \end{cases} \quad (4\text{-}17)$$

$$\begin{cases} x = 89.27 \\ C_3 = 0.060\,2y - 0.138 \end{cases} \quad (4\text{-}18)$$

$$\begin{cases} x = 240.49 \\ y = 0.116\,7b - 10.353\,6 \end{cases} \quad (4\text{-}19)$$

对于标尺刻度间距不相等的变量，如 C_2、$C_3{}'$、$C_2{}'$、Q、F_{E0}、b'，在坐标系中量取不同取值对应的 y 值，通过数据拟合可得各变量与 y 的关系式，如图 4-7 所示。由图 4-7 可知，各拟合的确定系数 R^2 均大于 0.997，说明拟合程度较高。

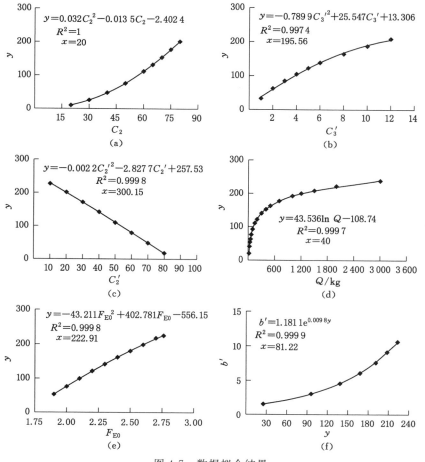

图 4-7　数据拟合结果

岩石可爆性 F_{E0} 可根据应变能系数 F_E 从表 4-2 中取值。

表 4-2　F_E 与 F_{E0} 的关系

F_E	2.0	2.2	2.4	2.6	2.8	3.0	3.2	3.4	3.6	3.8	4.0	4.2	4.4
F_{E0}	1.90	2.04	2.18	2.32	2.46	2.60	2.73	2.70	2.57	2.43	2.30	2.17	2.03

在已知抛掷距离 R、岩石应变能系数 F_E 的情况下,利用式(4-14)、式(4-15)可计算得出对应点的坐标 (x_R,y_R)、(x_{F_E},y_{F_E}),进而得到通过两点的直线方程,将 $x=139.02$ 代入直线方程得 y 值,将 y 值代入式(4-17)可得炸药单耗 q。同理可求得其他变量的值。

由于各变量的关系式均已知,列线图法求解步骤简单,因此很容易把列线图法程序化,相关过程不再赘述。

4.2　基于加权聚类分析的抛掷爆破参数智能设计方法

4.2.1　加权聚类分析原理

聚类算法是研究样本或者指标分类问题的一种统计分析方法。其本质上是根据样本或指标间的亲疏关系将样本或指标分类,相近的划为一类,差别较大的划为另一类。

根据分类对象的不同,聚类分析可分为 Q 型聚类和 R 型聚类。其中,Q 型聚类研究样本间的分类。利用 Q 型聚类的原理进行抛掷爆破参数设计,Q 型聚类的基本原理如下:

假设有 n 个样本,每个样品由 m 个变量描述,则样本矩阵为:

$$\boldsymbol{X} = \begin{bmatrix} x_{11} & x_{12} & \cdots & x_{1n} \\ x_{21} & x_{22} & \cdots & x_{2n} \\ \cdots & \cdots & \cdots & \cdots \\ x_{m1} & x_{m2} & \cdots & x_{mn} \end{bmatrix}$$

为了消除变量量纲、单位等的不同,首先采用极差标准化对原始数据进行标准化处理:

$$x'_{ij} = \frac{x_{ij} - x_{\min j}}{x_{\max j} - x_{\min j}} \tag{4-20}$$

式中　$x_{\min j}$,$x_{\max j}$——第 j 个指标的最小值和最大值,$j=1,2,\cdots,m$,$i=1$,$2,\cdots,n$。

样本间的亲疏关系通常用距离描述。每个样本都可以看成 m 维空间中的一个点,第 i 样品与第 j 样品之间的距离记为 d_{ij}:

$$d_{ij} = \sqrt{\omega_1(x_{i1} - x_{j1})^2 + \omega_2(x_{i2} - x_{j2})^2 + \cdots + \omega_m(x_{im} - x_{jm})^2}$$

$$= \left[\sum_{k=1}^{m} \omega_k(x_{ik} - x_{jk})^2\right]^{1/2} \tag{4-21}$$

式中 ω_k——第 k 个指标的权重;

   d_{ij}——两样本间的欧式距离。

为了表现各指标对抛掷爆破设计影响程度的不同,需要加入指标权重以修正 d_{ij}。采用层次分析法确定指标权重,相关过程不再赘述。

$d_{ij} \geqslant 0$、$d_{ii} = 0$、$d_{ij} = d_{ji}$、$d_{ij} < d_{ik} + d_{kj}$。d_{ij} 越小表示两个样本相似性越大,差异性越小。

4.2.2 抛掷爆破参数智能设计模型

对于没有抛掷爆破经验的矿山,可采用经验公式或者程序化的列线图法设计爆破参数,然后根据现场爆破效果不断改善。对于已经成功应用抛掷爆破的矿山,可利用加权聚类分析方法选择与设计爆区条件相似、爆破效果较好的爆破实例,根据选择的爆破实例设计爆破参数。

根据相关文献可知,影响抛掷爆破设计的参数主要包括爆区几何形态指标和岩体可爆性指标。前者包括抛掷爆破台阶高度 H、采掘带宽度 A、煤层厚度 h;后者主要包括岩石密度 ρ、岩石坚固性系数 f、抗拉强度 σ_t、岩石波阻抗 z、岩体完整性系数 K_v。

对于已经成功应用抛掷爆破的矿山,需要设计的抛掷爆破参数主要包括:最小抵抗线 W_d、孔距 a、排距 b、炮孔装药长度 l_c、炮孔填塞长度 l_{ts}、欠深 l_{qs}、排间延时 t_p、孔间延时 t_k、孔内延时 t_{kn}。

抛掷爆破后,选择炸药单耗 q、有效抛掷率 k_1、松散系数 k_s 三个指标,利用抛掷爆破效果模糊综合评价模型进行抛掷爆破效果评价。

通过统计大量的爆破实例建立爆破样本库。每个样本包括爆区几何形态指标 $G = \{H, h, A\}$、岩体可爆性指标 $B = \{\rho, f, \sigma_t, z, K_v\}$、爆破参数指标 $P = \{W_d, a, b, l_c, l_{ts}, l_{qs}, t_p, t_k, t_{kn}\}$、爆破效果评价指标 $E = \{q, k_1, k_s\}$。从爆破样本库中选择爆破效果较好的样本建立理想爆破样本库,用于待爆区的爆破设计。

当待爆区条件 G_0、B_0 已知时,首先对样本数据进行标准化处理,然后利用式(4-22)计算理想爆破样本库中每个样本与待爆区的距离:

$$d_{i0} = \sqrt{\omega_G(G'_i - G'_0)^2 + \omega_B(B'_i - B'_0)^2} \tag{4-22}$$

式中 ω_G——爆区几何形态指标权重;

ω_B——岩体可爆性指标权重；

G'_i——标准化处理后的 G；

B'_i——标准化处理后的 B；

G'_0——标准化处理后的 G_0；

B'_0——标准化处理后的 B_0。

利用式(4-23)确定理想爆破样本库中与待爆区最相似的样本 k：

$$d_{k0} = \min\{d_{i0} \mid i = 1, 2, \cdots, N\} \tag{4-23}$$

如果 $d_{k0} \leqslant \varepsilon$，则令 $P_0 = P_k$，即利用样本 k 的爆破参数设计待爆区，其中 ε 为表征两样本是否相似的系数。

若 $d_{k0} > \varepsilon$，则理想爆破样本库中不存在与待爆区相似的样本，需要利用经验公式或者程序化的列线图法设计待爆区的爆破参数。

抛掷爆破后统计相关数据进行抛掷爆破效果评价，扩充爆破样本库。抛掷爆破智能设计流程如图 4-8 所示。

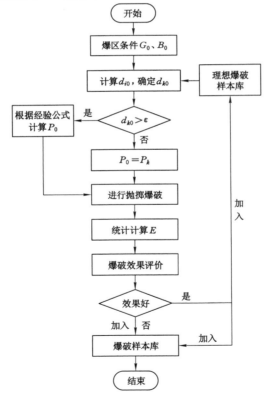

图 4-8　抛掷爆破智能设计流程图

当爆区内抛掷爆破台阶高度、煤层厚度、采掘带宽度变化较小时,可以统计整个爆区的数据作为一个样本。而一般情况下,抛掷爆破台阶高度、煤层厚度、采掘带宽度在工作线方向上会有较大变化,可以在工作线方向上把爆区分成若干较小的区域(如50 m长),以每个区域内的数据作为一个样本,并对爆破进行分区设计,设计流程同上。

4.3 预裂爆破参数设计理论

由于抛掷爆破炸药用量大,炸药爆炸威力强,为了降低震动、保护抛掷爆破高台阶的完整性,通常会结合使用预裂爆破。预裂爆破的关键是形成贯通的预裂缝,但由于预裂孔是在正面没有自由面的条件下起爆的,如果爆破参数设计不合理,在坚硬的岩体中常产生闭合微缝;在松软破碎的岩体中常使裂隙沿邻近预裂孔的节理、裂隙发展,使岩体结构面严重破坏,为邻近炮孔爆破产生后冲破坏创造条件。因此,需要根据预裂爆破机理,综合考虑炸药性质、岩体的物理力学性质等因素的影响,合理设计预裂爆破参数。

4.3.1 预裂爆破成缝机理

根据岩石爆破理论,炸药在无限大的岩体中爆炸时,在岩体内部将产生粉碎区、裂隙区和弹性震动区,如图4-9所示。

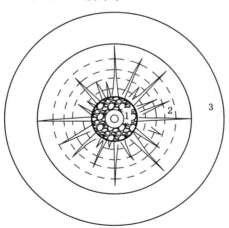

1—粉碎区;2—裂隙区;3—弹性震动区。

图4-9　无限岩体内的爆破破坏分区

其中,粉碎区是由冲击波压力和爆生气体的高温高压作用,使岩石产生压缩

破坏形成的。在柱状耦合装药条件下,粉碎区半径为:

$$R_c = \left[\frac{\sqrt{2}\,\rho_0 D^2 \rho C_p B}{4\sigma_{cd}(\rho C_p + \rho_0 D)}\right]^{\frac{1}{\alpha}} r_b \qquad (4\text{-}24)$$

$$\alpha = \frac{2-\mu_d}{1-\mu_d}$$

$$B = \sqrt{2(b^2+b+1)-2\mu_d(1-\mu_d)(1-b)^2}$$

$$b = \frac{\mu_d}{1-\mu_d}$$

式中　ρ_0,ρ——炸药和岩石的密度,kg/m³;

　　　C_p——岩石中的声速,m/s;

　　　D——炸药爆速,m/s;

　　　σ_{cd}——岩石动态抗压强度,Pa;

　　　r_b——炮孔半径,m;

　　　μ_d——岩石的动泊松比。

裂隙区是由应力波的拉应力和爆生气体的气楔作用形成的。在柱状耦合装药条件下,裂隙区半径为:

$$R_p = \left(\frac{\sigma_R B}{\sqrt{2}\,\sigma_{td}}\right)^{\frac{1}{\beta}} R_c \qquad (4\text{-}25)$$

$$\sigma_R = \sigma_{r\,|\,r=R_c} = \sqrt{2}\,\sigma_{cd}/B$$

$$\beta = (2-3\mu_d)/(1-\mu_d)$$

式中　σ_{td}——岩石的动态抗拉强度,Pa。

在裂隙区外为弹性震动区,该区域的岩石不产生破坏,只产生弹性震动。

预裂爆破的目的不是破碎岩石,而是分离爆破区和保留区的岩体,形成预裂缝。因此预裂爆破通常采用不耦合装药或者低密度炸药,使炸药爆炸后作用于孔壁的压力小于岩体的动态抗压强度,避免孔壁周围的岩石受压产生破坏,即不产生粉碎区。预裂缝的形成过程如下:

当相邻的预裂孔同时起爆时,首先孔壁岩石受到猛烈的冲击压力,应力波以钻孔为中心向四周传播,在径向产生压应力,切向产生拉应力。炮孔壁的炮孔连心线方向因应力集中和应力波叠加作用而出现较长的径向初始裂缝,如图4-10(a)所示。随后爆生气体的准静态应力的作用使初始径向裂缝贯通并扩展。由于最长的径向裂缝扩展所需的能量最小,所以炮孔连心线方向是裂缝扩展的最优方向,其他方向的裂缝发展甚微,从而保证了裂缝沿连心线方向贯通,最后形成具有一定宽度的贯通裂缝,如图4-10(b)所示。

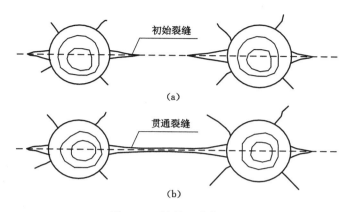

图 4-10　预裂面形成过程

4.3.2　预裂爆破参数设计

确定预裂爆破参数的方法主要有理论公式法、经验公式法和工程类比法。理论公式法考虑因素不够全面,计算误差较大;经验公式通常是在一定条件下归纳整理的,其使用范围受到限制;而工程类比法必须有条件相似的成功案例,以其爆破参数作为参考。因此,预裂爆破参数设计应以经验公式法和工程类比法为主,结合理论公式法和数值模拟进行参数优化。

大孔径深孔条件下,由于药包过重,搬运、装填困难,影响施工效率,一般不采用径向不耦合装药技术,而是采用空气间隔装药技术。此外,采用低密度炸药可以降低爆轰压力,在装药量一定的情况下延长装药长度,可改善炸药沿炮孔轴向的应力分布状态。因此,在大孔径深孔条件下,预裂爆破参数主要包括炮孔直径、炮孔倾角、炮孔装药量、孔距等。其中,炮孔间距、炮孔装药量是预裂爆破最重要的参数。炮孔间距大,难以形成光滑的预裂面;反之,需要增加预裂孔数量,增加钻孔费用。炮孔装药量大容易破坏预裂孔孔壁,反之则难以形成预裂面。

（1）炮孔直径 d

预裂孔直径应综合考虑地质条件、现场钻机型号和预裂孔深度等因素后确定。

（2）炮孔倾角 β

预裂孔倾角一般与生产炮孔倾角相同。根据工程经验,采用倾斜炮孔爆破的钻孔倾角一般为 $65°\sim 75°$,低于 $65°$ 时钻孔和装药会比较困难。

（3）炮孔装药量 Q

当采用空气间隔装药技术时,炮孔壁上产生的冲击压力为:

$$p_2 = \frac{nl_c\rho_0 D^2}{8l_b} \tag{4-26}$$

式中　n——压力增大倍数,一般取 10;

　　　l_c——装药长度,m;

　　　l_b——炮孔长度,$l_b = H/\sin\beta$,m;

　　　H——台阶高度,m。

为了使炮孔壁岩石不产生压碎破坏,并能形成贯通裂缝,应该满足 $p_2 \leqslant \sigma_{cd}$,由式(4-26)可求得:

$$l_c \leqslant \frac{8l_b\sigma_{cd}}{n\rho_0 D^2} \tag{4-27}$$

炮孔装药量为:

$$Q = \frac{\pi d^2 l_c\rho_0}{4} \tag{4-28}$$

确定炮孔装药量常用的经验公式为:

$$Q = l_b S q_a \tag{4-29}$$

式中　S——炮孔间距,m;

　　　q_a——预裂面单位面积消耗炸药量,通常取 $0.9 \sim 1.3\ \text{kg/m}^2$。

(4)炮孔间距 S

当炮孔壁上产生的冲击压力为 p_2 时,在距离炮孔中心 R 处产生的最大拉应力为:

$$\sigma_\theta = \left(\frac{r_b}{R}\right)^a b p_2 \tag{4-30}$$

由 $\sigma_\theta = \sigma_{td}$ 可得每个炮孔产生的初始裂缝长度为:

$$R_k = \left(\frac{bp_2}{\sigma_{td}}\right)^{\frac{1}{a}} r_b \tag{4-31}$$

为使初始裂隙进一步扩展形成贯通裂缝,需要满足:

$$(S - 2R_k)\sigma_{td} = 2r_b p_1 \tag{4-32}$$

式中　S——炮孔间距,m;

　　　p_1——爆生气体充满炮孔时的静压,Pa。

p_1 可利用式(4-33)计算:

$$p_1 = \left(\frac{p_c}{p_k}\right)^{\frac{\gamma}{k}} \left(\frac{V_c}{V_b}\right)^\gamma p_k \tag{4-33}$$

式中　p_c——爆轰压,$p_c = \rho_0 D^2/4$;

　　　p_k——爆生气体膨胀过程中的临界压力,一般取 100 MPa;

V_c——装药体积，m^3；

V_b——炮孔体积，m^3；

γ——空气绝热膨胀指数，取 1.4；

k——炸药等熵指数，取 3。

由式(4-32)可得炮孔间距的理论公式为：

$$S = 2R_k + \frac{2r_b p_1}{\sigma_{td}} \qquad (4\text{-}34)$$

确定炮孔间距常用的经验公式为：

$$S = (8 \sim 13)d \qquad (4\text{-}35)$$

（5）距缓冲孔的距离 W

预裂孔与缓冲孔的距离如果较小，可能会破坏预裂面；过大可能导致预裂孔前面的岩石不能充分破碎而产生大量大块。预裂孔与缓冲块的距离可以按式(4-36)确定。

$$W = \left\{ \frac{\rho_0 D^2 \rho C_p b}{2\sigma_{td} [\rho C_p + \rho_0 D]} \right\}^{\frac{1}{\beta}} r_b \qquad (4\text{-}36)$$

确定 W 常用的经验公式为：

$$W = \frac{S}{m} \qquad (4\text{-}37)$$

式中，$m = 0.7 \sim 1.0$。

（6）装药结构

大孔径深孔预裂爆破的预裂孔一般采用空气间隔器分段装药结构。设计的装药结构应尽量使炸药在炮孔中均匀分布。为避免预裂爆破破坏孔口处的预裂面，孔口以下一定深度不宜装药；由于孔底夹制作用较大，孔底应增加装药量。

由于不堵塞炮孔可以简化工艺，减少工作量，能够满足露天煤矿生产能力的要求，露天煤矿预裂爆破炮孔一般不堵塞。

（7）起爆网络

为了降低预裂爆破自身的爆破震动，一般预裂爆破采用分组延时起爆。

4.4 基于 GRNN 的抛掷爆破爆堆形态预测模型

抛掷爆破爆堆形态影响扩展平台量、辅助剥离量，影响抛掷爆破爆堆总剥离成本，预测抛掷爆破爆堆形态可以作为判断抛掷爆破设计是否合理的重要依据，并能够指导改善抛掷爆破效果。此外，根据抛掷爆破爆堆形态可以计算有效抛掷率、爆堆松散系数，它们是评价爆破效果最重要的指标，准确确定这两个参数可以指导露天煤矿制订生产计划,以充分发挥拉斗铲的生产能力,保证露天煤矿生产的持续稳定。

4.4.1 抛掷爆破效果影响因素分析

根据抛掷爆破爆堆形成过程,影响抛掷爆破效果的因素主要包括工程地质条件、爆破技术条件及现场施工质量三个方面,详细见图4-11。

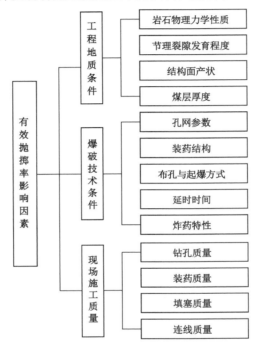

图 4-11 有效抛掷率影响因素

工程地质条件主要包括岩体节理裂隙发育程度、结构面产状、岩石物理力学性质、煤层厚度等。当岩体的裂隙与自由面垂直时,爆生气体容易过早逸散,降低爆破能量的利用率,抛掷爆破效果一般较差;当裂隙与自由面平行时,相邻炮孔间的相互作用较大,抛掷爆破效果一般较好。在其他条件不变的情况下,岩石的抛掷距离随着岩石密度的降低而增大,随着岩石弹性模量的降低而降低。而煤层厚度影响抛掷岩石飞行时间,相同条件下,煤层厚度越大,岩石飞行越远,抛掷爆破爆堆越宽。

爆破技术条件主要包括孔网参数、装药结构、布孔与起爆方式、延时时间、炸药特性等。如底盘抵抗线偏小容易产生飞石,偏大则岩石抵抗爆破作用的阻力大,容易导致根底。装药结构、起爆药包位置直接影响爆轰波传播方向、爆炸应力波及爆生气体的作用时间、炸药能量的利用率。在一定范围内,增加炸药单耗可以提高有效抛掷率,改善抛掷爆破效果,但炸药单耗也不宜过大。炸药性质影响鼓包运动形态及运动速度,进而影响抛掷岩石的堆积形态。此外,抛掷量和抛掷爆破台阶高度与采掘带宽度之比存在线性关系,即抛掷爆破台阶高度与采掘带宽度之比增大时,有效抛掷量增加,且增大抛掷爆破台阶高度可提高钻孔利用率,增大抛掷距离,改善爆破效果。

现场施工质量主要包括钻孔、装药、填塞、连线等环节的施工质量。施工质量直接影响孔距、排距、装药结构等爆破参数,影响炸药在炮孔中的分布情况及爆破延时,进而影响抛掷爆破质量,甚至影响爆破安全。

4.4.2 预测样本库统计方法

抛掷爆破后,利用三维激光扫描仪扫描爆堆,以一定间隔作爆堆剖面图,得到爆堆曲线。以通过采空区最低点的水平线为 x 轴,通过下一次抛掷爆破高台阶坡顶点的垂直线为 y 轴,建立平面直角坐标系。从 $x=0$ 开始,以 10 m 为间距在爆堆曲线上取点,获得各点高度值 $h_1, h_2, \cdots, h_m$,如图 4-12 所示。

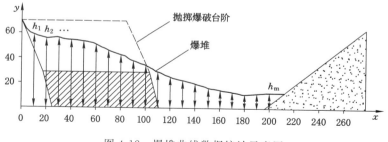

图 4-12 爆堆曲线数据统计示意图

对于特定的露天煤矿,抛掷爆破台阶的工程地质条件变化较小;工艺成熟应用之后,施工质量也基本不变;为了方便施工,通常采用相同的孔径、炮孔倾角、装药结构、采掘带宽度和炸药,通过调整孔距、排距等参数改善抛掷爆破效果。因此,本书选取抛掷爆破台阶高度、底盘抵抗线、煤层厚度、炸药单耗、孔距、排距等 6 个指标作为抛掷爆破爆堆预测指标。每个样本包括 6 个预测指标和 m 个爆堆曲线高度指标。

4.4.3 预测模型的建立

影响抛掷爆破爆堆形态的因素众多,采用传统的预测如灰色预测、时间序列等方法预测效果并不理想。本书选择广义回归神经网络建立抛掷爆破爆堆形态预测模型。

广义回归神经网络(GRNN)是一种基于非线性理论的神经网络模型,它以Nadaraya-Watson非参数回归分析为基础,以样本数据为后验条件,执行Parzen非参数估计,不需设定特定的模型,仅需初始化核函数中的光滑因子。与BP神经网络相比,其具有较高的预测精度及稳定性,并具有收敛速度快、计算量小、在样本较少的情况下也能取得较好的预测效果等优点,在岩土工程、交通运输等领域应用广泛。

选取抛掷爆破台阶高度等6个指标作为广义回归神经网络的网络输入,以抛掷爆破爆堆形态作为网络的输出,构建抛掷爆破爆堆形态预测模型,如图4-13所示。

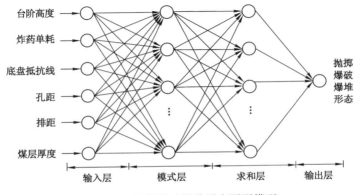

图4-13 抛掷爆破爆堆形态预测模型

在图4-13中,输入层神经元数目 m 等于输入向量的维数,本预测模型中 $m=6$,输入变量直接传递至模式层。

模式层神经元的数目 n 等于学习样本数,每个神经元对应不同的样本,神经元的传递函数为:

$$p_i = \exp\left[-\frac{(X - X_i)^T(X - X_i)}{2\sigma^2}\right], i = 1, 2, \cdots, n \qquad (4-38)$$

式中　X——网络输入变量;

　　　X_i——第 i 个神经元对应的学习样本;

　　　σ——光滑因子。

求和层中包含两类神经元,一类是对模式层的所有神经元输出进行算术求和,其传递函数为:

$$S_D = \sum_{i=1}^{n} p_i \tag{4-39}$$

另一类是对模式层所有神经元输出进行加权求和,其传递函数为:

$$S_{Nj} = \sum_{i=1}^{n} y_{ij} p_i, \quad j = 1, 2, \cdots, k \tag{4-40}$$

输出层神经元的数目等于输出向量的维数 k,各神经元把求和层的输出相除即可得预测结果:

$$y_j = \frac{S_{Nj}}{S_D} \tag{4-41}$$

4.4.4 模型求解方法

(1) 筛选训练样本

由于预测样本数据变化较大,为了不忽略样本数据之间的相似性,提高预测精度,减少计算量,首先采用加权聚类分析方法从众多样本中筛选训练样本。

(2) 数据归一化处理

在网络训练之前利用式(4-42)把样本数据进行归一化处理,将数据转化为 $[0,1]$ 区间的值。在输出层利用式(4-43)把输出结果还原。

$$\overline{x_i} = \frac{x_i - x_{min}}{x_{max} - x_{min}} \tag{4-42}$$

式中　$\overline{x_i}$——归一化之后的数据;

　　　x_i——原数据;

　　　x_{min}——数据列中的最小值;

　　　x_{max}——数据列中的最大值。

$$x_i = \overline{x_i}(x_{max} - x_{min}) + x_{min} \tag{4-43}$$

(3) 网络训练与预测

网络的训练与预测可利用 MATLAB 编程实现。在 MATLAB 中利用函数"newgrnn"设计网络,首先载入样本数据并把样本数据划分为训练样本和预测样本,然后采用交叉验证方法训练网络,利用循环训练的方法求解最佳的光滑因子,最后用建立的网络模型预测抛掷爆破爆堆形态。

(4) 有效抛掷率、松散系数计算

预测结果为每个剖面上的抛掷爆破爆堆曲线,根据爆堆曲线可计算每个剖面上的有效抛掷率和松散系数。对爆区内所有剖面的计算结果进行加权平均,即可求得整个爆区的有效抛掷率和松散系数。

4.5 工程实例

黑岱沟露天煤矿年生产原煤 30 Mt 以上，抛掷爆破台阶高度平均为 38 m，抛掷爆破爆区宽度为 85 m，靠近中部沟侧爆区长度为 660 m，端帮侧爆区长度为 440 m。抛掷爆破台阶内岩层基本为缓倾斜层状分布，岩石品种主要有粗粒砂岩、细粒砂岩、泥岩，如图 4-14 所示。抛掷爆破采用分段逐孔起爆技术。为了减小抛掷爆破后冲作用，形成整齐的台阶坡面，黑岱沟露天煤矿在抛掷爆破过程中结合采用预裂爆破技术。

层序号	岩石名称	岩性柱状	深度/m	层厚/m
10	粉砂岩		91.6	7.4
11	细粒砂岩		93.6	2.0
12	泥岩		94.6	1.0
13	粉砂岩		97.4	2.8
14	细粒砂岩		101.8	4.4
15	粗粒砂岩		108.6	6.8
16	5号煤		110.2	1.6
17	砂质泥岩		114.7	4.5
18	粗粒砂岩		122.2	7.5

图 4-14　抛掷爆破台阶地层柱状图

4.5.1　抛掷爆破参数设计

（1）炮孔直径 d

抛掷爆破台阶钻孔采用 DM-H2 钻机，钻孔直径为 310 mm。

（2）炮孔倾角 β

为保证台阶稳定，炮孔倾角采用 65°。

（3）最小抵抗线 W_d

利用公式（4-1）计算可得 $W_d = 6.2 \sim 9.3$ m，取 $W_d = 7$ m。

（4）孔距 a、排距 b

令 $k = 1.5$，利用公式（4-2）计算可得 $a = 10.5$ m，取 $a = 11$ m。利用公式（4-4）

计算可得 $b=6.2\sim12.4$ m，取 $b=7\sim9$ m。

（5）炮孔填塞长度 l_{ts}

利用公式(4-5)计算可得 $l_{ts}\geqslant5.25$ m，取 $l_{ts}=6$ m。

（6）炮孔装药长度 l_c

炮孔长度为 41.9 m，炮孔欠深平均取 2 m，利用公式(4-7)计算可得炮孔装药长度为 34.7 m。

炸药密度平均取 1 000 kg/m³，则线装药密度为 75.47 kg/m，单孔装药量为 2 617 kg，炸药单耗为 0.78 kg/m³。

（7）排间延时 t_p、孔间延时 t_k、孔内延时 t_{kn}

主控排孔间延时为 9 ms，雁行列孔与孔之间延时为 100～200 ms，孔内延时为 600 ms。连线方式采用排间微差逐孔起爆连线方式，如图 4-15 所示。

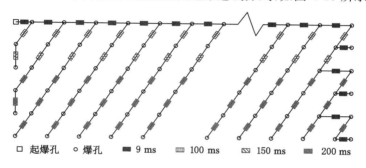

□ 起爆孔　○ 爆孔　▬ 9 ms　▥ 100 ms　▨ 150 ms　▬ 200 ms

图 4-15　连线示意图

采用经验公式法和列线图法设计的抛掷爆破参数见表 4-3。

表 4-3　抛掷爆破参数

参数	单位	经验公式法	列线图法	合理取值
炮孔直径	mm	310	310	310
炮孔倾角	(°)	65	65	65
最小抵抗线	m	6.2～9.3	8.6	6.0～7.0
孔距	m	10.5	11.8	9.0～12.0
排距	m	7.0～9.0	8.6	7.0～9.0
炸药单耗	kg/m³	0.78	0.78	0.70～0.80
堵塞长度	m	6.00	7.74	6.00～8.00
孔间延时	ms	9	—	9～20
排间延时	ms	100～200	—	100～200
孔内延时	ms	600	—	400～600

以 2015 年东区第六次抛掷爆破为例,该区域长 440 m,宽 85 m,如图 4-16 (a)所示。设计最小抵抗线 $W_d = 7$ m,孔距 $a = 11$ m,排距 $b = 7 \sim 9$ m(从第一排开始逐渐增大排距),填塞长度 $l_{ts} = 6 \sim 7$ m。

抛掷爆破结果显示爆堆形状较好,能够使辅助作业量较小,且抛掷爆破震动及后冲较小,如图 4-16(b)所示。

(a) 抛掷爆破高台阶　　　　　　　　　(b) 抛掷爆破爆堆

图 4-16　抛掷爆破前后

在抛掷爆破前后,采用激光扫描仪扫描抛掷爆破台阶及爆堆,获得相关的扫描数据,如图 4-17 所示。利用扫描数据计算可得爆区的有效抛掷率为 31.2%,进一步证明此次抛掷爆破效果良好。

图 4-17　爆破前后爆区扫描图

4.5.2　预裂爆破参数设计

预裂孔钻孔直径采用 310 mm,炮孔倾角采用 65°。其他参数设计如下:

(1)炮孔装药量 Q

黑岱沟露天煤矿预裂爆破采用低密度铵油炸药,炸药密度 $\rho_0 = 600$ kg/m³,爆速 $D = 1\,800$ m/s。根据黑岱沟露天煤矿拉斗铲工艺技术改造报告中的岩石工程地质特征,确定岩石动态抗压强度 $\sigma_{cd} = 205$ MPa,由(4-27)计算可得 $l_c \leqslant 3.9$ m,取 $l_c = 3.9$ m,由式(4-28)可得 $Q = 177$ kg。

(2)炮孔间距 S

抛掷爆破台阶内岩石的动态抗拉强度 $\sigma_{td} = 2.6$ MPa,动态泊松比 $\mu_d =$

0.20,由式(4-26)、式(4-31)、式(4-33)、式(4-34)计算可得 $S=3.9$ m。

取 $S=11d$ 可得 $S\approx3.4$ m,取 $q_a=1.15$ kg/m^2,由式(4-29)可得 $Q=181$ kg。

（3）距缓冲孔的距离 W

由式(4-36)计算可得 $W=3.9$ m。取 $m=0.85$,$S=3.4$ m,由式(4-37)计算可得 $W=4.0$ m。

确定的预裂爆破参数如表 4-4 所示。

表 4-4　预裂爆破参数

参数	单位	取值	
d	mm	310	
β	(°)	65	
Q	kg	理论值	177
		经验值	181
S	m	理论值	3.9
		经验值	3.4
W	m	理论值	3.9
		经验值	4.0

（4）装药结构

黑岱沟露天煤矿预裂爆破的预裂孔采用空气间隔器分段装药结构。每孔分三段装药,第一段装炮孔底部高于煤层顶板 $L_1=1$ m 处,装药量为 $Q_1=0.5Q$;第二段装药位置在距孔口 $L_2=25$ m 处,装药量为 $Q_2=0.3Q$;第三段装药位置在距孔口 $L_3=15$ m 处,装药量为 $Q_3=0.2Q$。

（5）起爆网络

每 20 个预裂孔为 1 组,组内炮孔同时起爆,组间微差时间为 9 ms。采用导爆索引爆孔内导爆管雷管,由导爆管雷管引爆 600 g 的起爆药包,进而引爆炸药。预裂孔早于主爆孔 500～600 ms 起爆。预裂孔装药结构及起爆网络如图 4-18 所示。

根据预裂爆破参数计算的理论公式,可得 Q、S、W 分别与 σ_c、σ_t 的关系曲线,分别见图 4-19(a)、(b)。由图 4-19 可知,随着岩石静态单轴抗压强度 σ_c 的增大,距缓冲孔的距离 W 不变,炮孔装药量 Q、炮孔间距 S 均近似匀速增大,其中 Q 增速较大;随着岩石静态单轴抗拉强度 σ_t 的增大,炮孔装药量 Q 不变,炮孔间距 S、距缓冲孔的距离 W 均减小,减小速率逐渐降低。

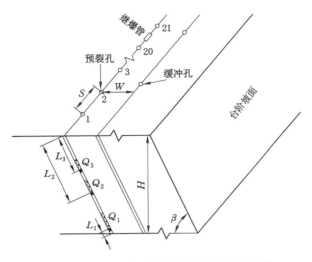

图 4-18　预裂孔装药结构及起爆网络示意图

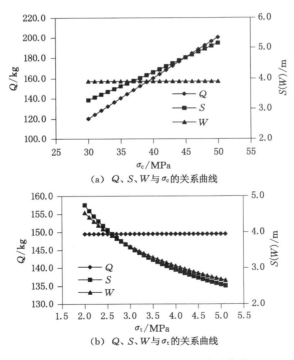

（a）Q、S、W 与 σ_c 的关系曲线

（b）Q、S、W 与 σ_t 的关系曲线

图 4-19　Q、S、W 与 σ_c、σ_t 的关系曲线

根据计算结果,设计 $Q=180$ kg,$W=4.0$ m,$S=3.4$ m 或 $S=4.0$ m,其余参数相同,进行现场预裂爆破试验。在爆区后方和侧方布置测点,如图 4-20 所示,利用 TC-4850 爆破测震仪监测各测点的爆破质点震动速度,进行震动波形数据的采集,见图 4-21。根据监测数据,对比分析 $S=3.4$ m 与 $S=4.0$ m 时的预裂爆破减震效果。

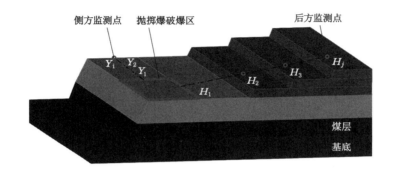

图 4-20　监测点布置示意图

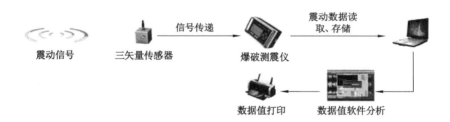

图 4-21　震动波形数据采集示意图

监测的典型爆破震动波形如图 4-22 所示,该测点的矢量合速度最大值为 10.3 mm/s,发生在 1.537 s,爆破震动持续时间接近 3 s。各测点轴向(Long)、垂向(Vert)、横向(Tran)三个方向的峰值震动速度最大的一般为轴向,矢量合速度接近轴向峰值震动速度,二者发生的时间基本接近。爆破震动速度最大值大多出现在 1.2~1.8 s 时段,前期震动速度较小,说明爆破震动成分中 P 波能量较小,传播速度较慢的 S 波和表面波能量较大。

监测数据如表 4-5 所示,其他参数相同的情况下,$S=3.4$ m 时的质点震动速度较小,减震率平均为 20.7%。

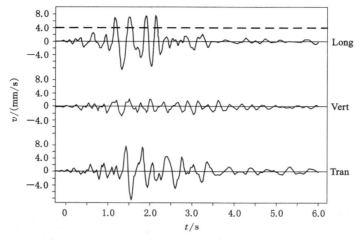

图 4-22　典型爆破震动波形图

表 4-5　预裂爆破监测数据与减震效果

测点编号	测点位置	距爆心水平距/m	单响药量/kg	矢量合速度 cm/s		减震率/%
				$S=4.0$ m	$S=3.4$ m	
H1	后方	100	10 000	9.48	6.72	29.1%
H2	后方	200	10 000	5.51	4.59	16.7%
H3	后方	300	10 000	3.65	3.09	15.3%
H4	后方	400	10 000	2.87	2.44	15.0%
H5	后方	500	10 000	1.34	1.05	21.6%
Y1	侧方	200	10 000	5.74	4.77	16.9%
Y2	侧方	250	10 000	4.65	3.92	15.7%
Y3	侧方	350	10 000	1.85	1.47	20.5%
Y4	侧方	450	10 000	1.48	1.23	16.9%
Y5	侧方	550	10 000	1.28	0.91	28.9%
Y6	侧方	850	10 000	1.03	0.78	24.3%

　　假设 Q_d 为单响药量，R_b 为监测点至爆源中心距离，令等效距离 $X = R_b / \sqrt[3]{Q_d}$，可得质点震动速度 v 与等效距离 X 之间的关系曲线，如图 4-23 所示。

　　利用式(4-44)对表 4-5 中的数据进行回归分析，结果如表 4-6 所示。

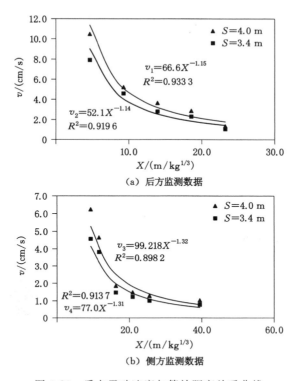

图 4-23　质点震动速度与等效距离关系曲线

$$v = K \left(\frac{\sqrt[3]{Q_d}}{R_b} \right)^\alpha \tag{4-44}$$

式中　　K——衰减系数；

　　　　α——衰减指数。

表 4-6　质点震动速度经验公式回归结果

S/m	后方		侧方	
	K	α	K	α
4.0	66.6	1.15	99.2	1.32
3.4	52.1	1.14	77.0	1.31

由表 4-6 可知，$S＝3.4\ m$ 与 $S＝4.0\ m$ 相比，爆破震动衰减指数变化不大，衰减系数明显降低，降低 22% 左右。

此外，现场爆破结果显示两种情况下都会形成贯穿裂缝。$S＝4.0\ m$ 时形成的预裂面不够整齐,有一定的后冲,并可能出现崩落现象,如图 4-24 所示;$S=$ 3.4 m 时形成的预裂面较为整齐,半孔率较高,如图 4-25 所示。因此,最终确定黑岱沟露天煤矿预裂爆破的孔距为 3.4 m,预裂孔距缓冲孔距离为 4.0 m,炮孔装药量为 180 kg。

图 4-24　孔距为 4.0 m 时形成的预裂面

图 4-25　孔距为 3.4 m 时形成的预裂面

4.5.3　抛掷爆破爆堆形态预测

利用加权聚类算法从众多样本中筛选出 15 个与 2015 年东区第六次抛掷爆

破相似的样本(表 4-7 中前 15 个样本),通过 MATLAB 编程实现网络的训练与预测。

表 4-7　抛掷爆破爆堆形态预测样本集

序号	台阶高度/m	炸药单耗/(kg/m³)	底盘抵抗线/m	孔距/m	排距/m	煤层厚度/m
1	37.8	0.72	7.0	12.0	7.0	28.9
2	37.4	0.73	7.5	11.0	8.0	30.2
3	38.8	0.76	7.0	11.0	8.2	29.2
4	38.5	0.74	7.6	11.6	8.0	30.8
5	38.2	0.76	7.2	11.8	7.0	28.9
6	38.0	0.71	7.5	11.6	7.5	28.0
7	38.0	0.76	7.0	11.0	7.5	28.2
8	37.8	0.74	7.0	11.0	7.5	31.2
9	38.5	0.75	7.5	11.5	8.0	28.8
10	37.5	0.73	7.0	12.0	8.0	28.1
11	38.7	0.76	7.0	11.0	7.0	29.5
12	39.2	0.77	7.4	10.5	7.0	27.8
13	37.8	0.70	8.0	12.0	8.0	29.4
14	39.3	0.75	7.4	11.0	8.0	27.9
15	38.4	0.73	7.0	11.8	8.0	28.7
16	38.0	0.78	7.0	11.0	8.0	28.8

注:爆堆曲线高度指标太多,在此不再列举。

选用前 15 组样本作为训练样本,第 16 组样本作为测试样本。利用第 16 组样本预测的爆堆形态如图 4-26 所示。

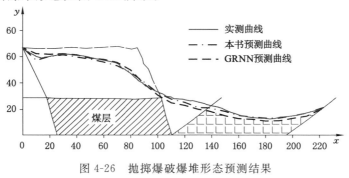

图 4-26　抛掷爆破爆堆形态预测结果

利用图 4-26 中数据计算可知,预测爆堆的有效抛掷率为 33.5%,实际为 32.7%,相对误差为 2.45%;而预测爆堆的松散系数为 1.27,而实际为 1.32,相对误差为 3.79%。如果不采用加权聚类方法筛选样本,直接利用 GRNN 预测爆堆曲线,预测的有效抛掷率、松散系数分别为 29.8%、1.23,误差分别为 8.87%、6.82%。这说明本书方法预测结果更为准确。

5　抛掷爆破台阶参数优化

　　抛掷爆破台阶参数主要包括台阶高度、台阶坡面角、采掘带宽度、工作线长度等。它们影响抛掷爆破效果、拉斗铲生产效率,进而影响整个矿山的生产成本和经济效益。传统上多根据经验公式结合类似矿山生产实际设计台阶参数,各参数的确定具有先后顺序,且较为独立。参数的优化设计也多采用两种方式。一种是根据矿山具体条件,提出多个可行方案,通过技术经济比较优选其中的一个方案;另外一种则是在假设其他参数已知的情况下,考虑设备线性尺寸、台阶稳定性等因素的限制,以生产成本最小或露天煤矿生产能力最大等为目标,对单个参数进行优化。显然,第一种方式比选方案有限,难以保证最优方案被提出并选中;而第二种方式则忽略了参数间的相互影响,对各参数进行独立优化。事实上,这些参数并不是相互独立的,而是相互联系,甚至相互影响、相互约束的。如台阶高度和台阶坡面角共同影响台阶的稳定性及有效抛掷率。相同稳定性条件下,台阶高度增加,台阶坡面角势必降低;台阶高度、工作线长度、采掘带宽度共同影响拉斗铲生产效率,假定其中两个参数固定不变,对另外一个参数进行优化,优化结果仅是假设条件下的最优值,并不一定是全局最优值。

　　因此,较为科学的方法是综合各种因素,以多个待优化台阶参数为变量,以生产成本最小或者其他指标为目标,建立优化模型,对各参数进行综合优化设计。抛掷爆破台阶参数优化设计既要求保证矿山生产的安全,又要求使矿山的生产成本最低,这两个方面相互冲突、相互竞争,属于多目标优化设计问题。

5.1　基于多目标规划的抛掷爆破台阶参数优化模型

5.1.1　多目标规划模型原理

　　以最小化问题为例,多目标优化问题的数学模型如下:

$$\min F(X) = \min\{f_1(X), f_2(X), \cdots, f_m(X)\}$$

$$\text{s. t.} \begin{cases} g_i(X) < 0, i = 1, 2, \cdots, q \\ h_j(X) = 0, j = 1, 2, \cdots, p \end{cases} \tag{5-1}$$

式中,$F(X)$ 为目标函数,共有 m 个;$X=\{x_1,x_2,\cdots,x_n\}$ 为 n 维决策变量;$g_i(X)<0,i=1,2,\cdots,q$ 定义了 q 个不等式约束;$h_j(X)=0,j=1,2,\cdots,p$ 定义了 p 个不等式约束。

对于任意一个 $x\in X$,如果满足式(5-1)的约束条件,则 x 称为可行解。由 X 中所有可行解组成的集合称为可行解集合,记为 $X_f,X_f\subset X$。

对于任意 $x_1,x_2\in X_f$,如果满足式(5-2)中的条件:

$$\forall i\in\{1,2,\cdots,m\},f_i(x_1)\leqslant f_i(x_2)\wedge\exists j\in\{1,2,\cdots,m\},f_j(x_1)<f_j(x_2)$$

(5-2)

则称 x_1 支配 x_2,记为 $x_1\prec x_2$。

如果任意可行解 $x\in X_f$ 满足式(5-3)的条件:

$$\neg\exists x'\in X_f,x'\prec x$$

(5-3)

则称 x 为 Pareto 最优解。

所有 Pareto 最优解的集合称为 Pareto 最优解集,全部最优解目标向量组成的集合称为 Pareto 最优前端。

根据以上定义可知,一般多目标优化问题不会存在类似单目标优化问题的唯一最优解,而是存在 Pareto 最优解集。因此,需要决策者根据具体问题在 Pareto 最优解集中挑选一个或者多个最优解作为多目标优化问题的最优解。

5.1.2 优化模型建立

抛掷爆破台阶参数优化设计中的目标函数主要有安全性目标和经济性目标两大类,其中安全性目标可采用台阶稳定系数作为目标函数,经济性目标可采用采剥总费用作为目标函数。因此,在抛掷爆破台阶参数优化设计中目标函数如式(5-4)所示。

$$\begin{cases}f_1(X)=-F_s\\f_2(X)=P_z\end{cases}$$

(5-4)

式中　F_s——台阶稳定系数;

$\quad\quad P_z$——采剥总费用。

因此,抛掷爆破台阶参数多目标优化设计模型的步骤如下:

1. 优化设计变量

优化设计变量为:

$$X=\{x_1,x_2,x_3,x_4\}=\{H,\beta,A,L\}$$

(5-5)

式中　H——台阶高度;

$\quad\quad\beta$——台阶坡面角;

$\quad\quad A$——采掘带宽度;

L——工作线长度。

2. 目标函数

（1）台阶稳定系数

一般露天煤矿工作帮较缓，工作帮较为稳定，在抛掷爆破-拉斗铲倒堆工艺条件下，只有抛掷爆破岩石及下部煤层组成的高台阶有可能发生滑坡或者崩落等影响生产安全的事故。在岩体物理力学性质等条件一定的情况下，影响台阶稳定性的因素仅有抛掷爆破台阶高度 H 和台阶坡面角 β。因此，台阶稳定系数是两者的函数，即

$$F_s = f(H, \beta) \tag{5-6}$$

函数 $f(H, \beta)$ 可以通过计算不同台阶高度和台阶坡面角情况下的台阶稳定系数获得。

（2）采剥总费用

我国的大型露天煤矿多是底部煤层顶板岩石适合采用抛掷爆破-拉斗铲倒堆工艺，抛掷爆破台阶上部仍存在采用其他工艺采煤或者剥离台阶的情况。抛掷爆破台阶坡面角不影响上部台阶；从抛掷爆破-拉斗铲倒堆工艺的生产成本最小，应尽量提高其应用范围的角度考虑，抛掷爆破台阶高度应尽量大；实际生产过程中，由于抛掷爆破上部台阶工作平盘宽度较大，可以超前剥离，因此，可认为抛掷爆破台阶采掘带宽度不影响上部剥离工艺。只有工作线长度影响上部岩石剥离的运输距离及采掘设备效率。采掘带宽度及工作线长度影响下部采煤作业的采掘设备效率及运距。此外，工作线长度影响露天煤矿的生产剥采比，在生产能力一定的情况下，工作线越长，年剥离量越小。

采剥总费用包括抛掷爆破台阶的穿爆、倒堆剥离费用，煤层的开采费用，以及上部岩石的剥离费用。采剥总费用为：

$$P_z = P_{bd} + P_{bs} + P_c + P_r \tag{5-7}$$

式中　P_z——年采剥总费用；

　　　P_{bd}——抛掷爆破台阶年穿爆费用；

　　　P_{bs}——抛掷爆破台阶年倒堆剥离费用；

　　　P_c——原煤年开采费用；

　　　P_r——抛掷爆破台阶上部岩石年剥离费用。

3. 约束条件

优化参数的取值范围受地质资源条件、设备线性尺寸、生产作业条件等的约束，详见式（5-8）。

$$\text{s. t.}\begin{cases} H_{rmin} \leqslant H \leqslant H_{rz} \\ L_{min} \leqslant L \leqslant L_{max} \\ l_z(H,\beta) \leqslant l_{za} \\ l_d(H,A,\beta) \leqslant l_{da} \\ A_j \leqslant A \\ L_j \leqslant L \\ Q_d \leqslant Q_a \end{cases} \quad\quad (5\text{-}8)$$

式中　H_{rmin}——抛掷爆破要求最小岩层厚度；

　　　　H_{rz}——岩层厚度；

　　　　L_{min}，L_{max}——露天煤矿境界限制的最小、最大工作线长度；

　　　　$l_z(H,\beta)$——抛掷爆破台阶参数要求的钻机线性尺寸；

　　　　l_{za}——钻机实际线性尺寸；

　　　　$l_d(H,A,\beta)$——抛掷爆破台阶参数要求的拉斗铲线性尺寸；

　　　　l_{da}——拉斗铲实际线性尺寸；

　　　　A_j——作业空间要求的采掘带宽度；

　　　　L_j——技术要求的工作线长度；

　　　　Q_d——拉斗铲计划剥离量；

　　　　Q_a——拉斗铲实际生产能力。

$H_{rmin} \leqslant H \leqslant H_{rz}$ 反映台阶高度受煤层顶板岩石厚度及最小抛掷爆破台阶高度的限制；$L_{min} \leqslant L \leqslant L_{max}$ 反映工作线长度受露天煤矿境界的限制；$l_z(H,\beta) \leqslant l_{za}$ 反映台阶高度、台阶坡面角受钻机最大钻孔深度、最小钻孔角度的限制；$l_d(H,A,\beta) \leqslant l_{da}$ 反映台阶高度、采掘带宽度、台阶坡面角受拉斗铲线性尺寸的限制；$A_j \leqslant A$、$L_j \leqslant L$ 则反映采掘带宽度、工作线长度受穿爆、采装等环节的技术限制；$Q_d \leqslant Q_a$ 要求拉斗铲的生产能力能够满足矿山生产要求，反映台阶高度受矿山生产能力的限制。

5.2　抛掷爆破台阶参数与采剥费用关系

5.2.1　抛掷爆破台阶穿爆费用

1. 炮孔总长度

抛掷爆破时为了使临空面的抵抗线较为均匀，改善爆破效果，通常采用倾斜炮孔，使钻孔倾角等于台阶坡面角。

在炮孔直径、超深、填塞长度等一定的条件下，钻孔倾角越小，台阶高度越大,则炮孔长度越大,装药长度越大,装药量越大,炮孔利用率提高,相应增大孔网参数,减少钻孔总长度。同时使炸药在炮孔中的能量分布更为均匀并得到有效利用。此外,随着台阶高度及采掘带宽度的增加,钻机走行时间相对减少,钻机效率提高。但钻孔倾角越小,钻机越难钻进,装药越困难。

抛掷爆破台阶一幅采掘带需钻孔总长度为:

$$L_b = \frac{4qAHL(H + l_{cs}\sin\beta)}{\pi d^2 \rho_0 (H + l_{cs}\sin\beta - l_{ts}\sin\beta)} + \frac{(L + n_b A)(H + l_{cs}\sin\beta)}{S\sin\beta} \quad (5-9)$$

式中　L_b——炮孔总长度,m;

　　　q——炸药单耗,kg/m³;

　　　l_{cs}——超深长度,m;

　　　d——炮孔直径,m;

　　　ρ_0——炸药密度,kg/m³;

　　　l_{ts}——填塞长度,m;

　　　n_b——爆区个数;

　　　S——预裂孔孔距,m。

2. 钻机效率

(1) 钻机钻孔周期为:

$$t_{zz} = \int_0^{l_b} \frac{\mathrm{d}H}{v_{zj}(H)} + \frac{l_b}{v_{tg}} + (n_{zg} - 1)\Delta t_{jg} + (n_{zg} - 1)\Delta t_{xg} + t_{dw} \quad (5-10)$$

式中　l_b——炮孔长度,$l_b = \dfrac{H}{\sin\beta} + l_{cs}$,m;

　　　$v_{zj}(H)$——钻机钻进速度,m/min;

　　　v_{tg}——提杆速度,m/min;

　　　n_{zg}——钻杆数,$n_{zg} = \left\lceil \dfrac{l_b}{l_{zg}} \right\rceil$,$\lceil\ \rceil$为向上取整符号;

　　　l_{zg}——钻杆长度,m;

　　　Δt_{jg}——接一根钻杆时间,min;

　　　Δt_{xg}——卸一根钻杆时间,min;

　　　t_{dw}——钻机对位时间,min。

(2) 钻机平均走行时间

假设抛掷爆破台阶沿工作线方向划分 n_b 个爆区,有 n_z 台钻机同时钻孔,抛掷爆破孔距为 a,共 n_p 排孔,则一幅采掘带内单台钻机走行总距离为:

$$L_{zx} \approx \frac{L(2n_z n_b - 2n_z + n_b n_p + 2)}{n_b} - n_z n_b (n_p - 1)a + (n_z n_b + n_b + 1)A$$

$$(5-11)$$

则单台钻机在一幅采掘带内平均走行时间为：

$$t_{zx} = \frac{L_{zx}}{v_{zx}} \tag{5-12}$$

式中 v_{zx}——钻机走行速度，m/min。

（3）钻机效率

在一幅采掘带内，单台钻机所需正常作业时间为：

$$T_{ZF} = \frac{L_b t_{zz}}{n_z l_b} + t_{zx} \tag{5-13}$$

钻机生产效率为：

$$l_{zx} = \frac{L_b}{n_z T_{ZF}} \tag{5-14}$$

3. 穿爆费用

抛掷爆破台阶穿爆费用主要包括穿孔费用和炸药费用。假设炸药单价为 c_{zy}，钻机生产效率为 l_{z0} 时的钻孔成本为 c_{z0}，钻孔成本与钻机生产效率成反比。则一幅采掘带的穿爆费用为：

$$P_{bdA} = \frac{L_b l_{z0} c_{z0}}{l_{zx}} + LHAq c_{zy} \tag{5-15}$$

抛掷爆破台阶年穿爆费用为：

$$P_{bd} = \frac{D}{A} P_{bdA} \tag{5-16}$$

式中，D 为露天煤矿年推进度，m/a。$D = \dfrac{M_d}{hL_m \gamma k_c}$，$M_d$ 为露天煤矿计划原煤产量，L_m 为煤层工作线长度。

5.2.2 抛掷爆破台阶倒堆剥离费用

（1）有效抛掷率

在岩体性质、爆破参数等一定的条件下，有效抛掷率主要与台阶高度、采掘带宽度、钻孔倾角有关。国外研究表明，有效抛掷率 k_1 与台阶高度 H 和采掘带宽度 A 之比 H/A 存在线性关系，H/A 增大，k_1 也随之增大，通常 H/A 在 $0.4 \sim 1.0$ 之间。由相关文献可知，由于抛掷爆破抛点与落点通常不在同一水平，根据文献中公式确定有效抛掷率计算公式为：

$$k_1 = u_1 \frac{H \sin \beta}{A} \left(\cos \beta + \sqrt{\cos^2 \beta + \frac{5gH'}{v_0^2}} \right) \tag{5-17}$$

式中 u_1——与炸药、岩体性质有关的系数；

g——重力加速度，m/s^2；

H'——抛点与落点的高差,m;

v_0——岩石质点运动初速度,m/s。

（2）拉斗铲生产效率

对于拉斗铲直接倒堆方式,抛掷爆破台阶高度、采掘带宽度、工作线长度影响拉斗铲作业回转角、挖掘时间、走行时间等,进而影响拉斗铲生产效率。计算方式与 3.2 节类似,不再赘述。

对于拉斗铲扩展平台倒堆方式,根据一定台阶高度、采掘带宽度的条件下可形成的最优作业平台高度、平台宽度分析计算拉斗铲生产效率。

（3）倒堆剥离费用

假设拉斗铲小时生产效率为 Q_{d0} 时的倒堆剥离成本为 c_{d0},倒堆剥离成本与拉斗铲生产效率成反比,则一幅采掘带的倒堆剥离费用为:

$$P_{bsA} = \frac{AHLk_z Q_{d0} c_{d0}}{Q_p} + AHLk_f c_f + AHLk_{kz} c_{kz} \tag{5-18}$$

式中　k_f——辅助剥离率;

c_f——辅助剥离成本,元/m^3;

k_{kz}——扩展平台量与抛掷爆破总量之比;

c_{kz}——做扩展平台单位成本,元/m^3。

抛掷爆破台阶年倒堆剥离费用为:

$$P_{bs} = \frac{D}{A} P_{bsA} \tag{5-19}$$

5.2.3　上部岩石剥离费用

以单斗卡车工艺为例,说明岩石剥离费用的计算方法。在其他条件相同的情况下,工作线长度越大,则生产剥采比越小,年剥离量越少,穿爆、采掘、排弃费用越小。而对于运输费用,一方面由于剥离量较少,年运输量较少;另一方面,由于工作线长度越大,运输距离越大,而又使单位运费增大,总运输费用有可能增大也有可能减小。

假设露天煤矿覆盖层总厚度为 H_{rz},抛掷爆破台阶高度为 H,工作线长度为 L,则松动爆破岩石厚度为 $H_r = H_{rz} - H$。设松动爆破岩石划分 n_r 个台阶剥离,台阶高度为 $h_{ri}(i=1,2,\cdots,n_r)$,煤层厚度为 h,端帮帮坡角为 θ,工作帮坡角为 α,非工作帮坡角为 φ,如图 5-1 所示。

由图 5-1 可知,单台单斗挖掘机的工作线长度为:

$$L_{dc} = \frac{L_r}{n_{dc}} = \frac{1}{n_{dc}} \sum_{i=1}^{n} L_{ri} \tag{5-20}$$

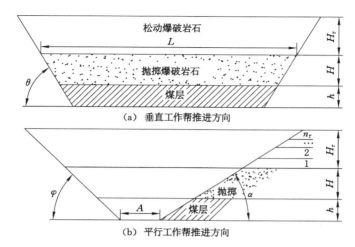

(a) 垂直工作帮推进方向

(b) 平行工作帮推进方向

图 5-1 露天煤矿采场断面示意图

式中 L_r——单斗卡车工艺工作线总长度,m;

n_{dc}——单斗挖掘机数量;

L_{ri}——第 i 个台阶工作线长度,$L_{ri}=L_{r(i-1)}+(H_{r(i-1)}+H_{ri})\cot\theta$,$L_{r0}=$

L,$H_{r0}=H$,$H_r=\sum\limits_{i=1}^{n}h_{ri}$。

假设单斗挖掘机的生产成本与其生产效率成反比,单斗挖掘机生产能力为 Q_{dc0} 时的生产成本为 c_{dc0},则抛掷爆破台阶工作线长度为 L 的情况下,第 j 台单斗挖掘机年采装费用为:

$$P_{rej}=\frac{DQ_{dc0}c_{dc0}\left[k_{kq}(L_{dc}A_rh_{ri}-\Delta Q_{kq})+\Delta Q_{kq}+\Delta t_{dzx}Q_{dh}k_{kq}\right]}{A_rQ_{dh}k_{kq}} \quad (5-21)$$

式中 k_{kq}——单斗挖掘机开切效率;

A_r——岩石台阶采掘带宽度,m;

ΔQ_{kq}——单台单斗挖掘机一幅开切量,m^3;

Δt_{dzx}——单台单斗挖掘机一幅走行时间,h;

Q_{dh}——单斗挖掘机小时生产能力,m^3/h。

第 i 个松动爆破台阶年穿爆、运输、排土费用为:

$$P_{ri}=L_{ri}Dh_{ri}/(c_{rb}+c_{ry}l_{ryi}+c_{rp}) \quad (5-22)$$

式中 c_{rb}——岩石穿爆成本,元/m^3;

c_{ry}——岩石运输成本,元/(m^3·km);

c_{rp}——岩石排弃成本,元/m^3;

l_{ryi}——第 i 个松动爆破台阶剥离物运距，$l_{ryi} = \big[k_{ry} L_{ri} + (h +$

$\sum\limits_{i=0}^{n} h_{r(i-1)})(\cot \alpha + \cot \varphi) + A\big]/1\,000$，双环内排时 $k_{ry} = 0.5$，单环

内排时 $k_{ry} = 1$。

抛掷爆破台阶上部岩石年剥离费用为：

$$P_r = \sum_{i=1}^{n_r} P_{ri} + \sum_{j=1}^{n_{dc}} P_{rej} \tag{5-23}$$

5.2.4 原煤开采费用

抛掷爆破台阶下煤层开采时常采用尽头式工作面，平装车。假设采煤挖掘机小时生产能力为 Q_{mh}，采煤挖掘台数为 n_m，开切口开切效率为 k_{mk}，每幅开切量为 ΔQ_{mk}，则单斗挖掘机的年采掘时间为：

$$t_{mw} = \frac{D k_{mk}(L_m Ah - \Delta Q_{mk}) + D \Delta Q_{mk}}{A k_{mk} Q_{mh} n_m} \tag{5-24}$$

式中 L_m——煤层工作线长度，$L_m = L - (H + h)\cot \beta$。

单斗挖掘机工作面走行路线如图 5-2 所示，根据图中走行路线可推导出年走行时间计算公式为：

$$t_{mz} = \frac{(A - 2R_{wp}\sin \psi)DL_m + (D - A)Al_{mk} + DL_m l_{mk}}{Al_{mk} v_{mz}} \tag{5-25}$$

式中 R_{wp}——单斗挖掘机挖掘半径，m；

ψ——单斗挖掘机与工作线的夹角，(°)；

l_{mk}——单斗挖掘机一次采掘厚度，$l_{mk} = R_{wpmax} - R_{wpmin}$，m；

v_{mz}——单斗挖掘机走行速度，m/h。

采煤单斗挖掘机平均生产效率为：

$$Q_{mp} = \frac{L_m D h k_c}{n_m(t_{mz} + t_{mw})} \tag{5-26}$$

假设采煤单斗挖掘机生产效率为 Q_{m0} 时的采掘成本为 c_{m0}，则原煤年开采费用为：

$$P_c = \Big[\frac{Q_{m0} c_{m0}}{Q_{mp}} + (l_{my} c_{my} + c_{mb})\Big] L_m D h \tag{5-27}$$

式中 c_{my}——原煤运输成本，元/(m³·km)；

c_{mb}——原煤穿爆成本，元/m³；

l_{my}——原煤运距，km。

其中，原煤运输成本受采掘带宽度影响较大。在一定范围内，采掘带宽度越

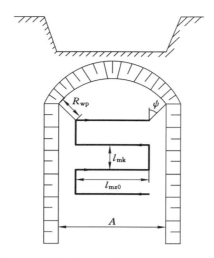

图 5-2　单斗挖掘机工作面走行路线示意图

小,采煤工作面作业空间越小,卡车入换越困难,入换时间越长,且作业安全性越低,导致单斗挖掘机欠车时间也加长,严重影响原煤的采掘和运输成本。

原煤运距利用式(5-28)计算:

$$l_{my} = k_{my} L_m + l_{mq} \tag{5-28}$$

式中,l_{mq} 为与工作线长度无关的原煤运输距离,m;工作线采用分区交替布置方式时 $k_{my}=0.75$,采用单向作业时 $k_{my}=0.5$,采用往返作业时 $k_{my}=1$。

5.3　抛掷爆破台阶参数约束条件

5.3.1　地质资源条件

（1）煤层顶板岩石厚度

抛掷爆破台阶高度不能大于煤层顶板岩石厚度,即 $H \leqslant H_{rz}$。当顶板岩石厚度不能满足抛掷爆破、松动爆破两个以上台阶开采时,只能令 $H = H_{rz}$,此时抛掷爆破台阶高度无须优化。

（2）露天煤矿境界

露天煤矿境界影响工作线长度取值范围,需要根据露天煤矿境界人为限定抛掷爆破台阶工作线长度,令 $L_{min} \leqslant L \leqslant L_{max}$。

因此,优化抛掷爆破台阶参数时,首先需要根据地质资源条件限定台阶高度、工作线长度的取值范围。

5.3.2 设备线性尺寸

（1）钻机

目前，国内外生产钻机的钻进角度多在 60°以上，且部分钻机的钻进角度变化不是连续的，如表 5-1 所示。受钻进角度的影响，要求台阶坡面角 $\beta \geqslant 60°$。

此外，受钻机最大钻孔长度的影响，要求：

$$H \leqslant (l_{zmax} - l_{cs}) \sin \beta \tag{5-29}$$

式中　l_{zmax}——钻机最大钻孔长度，m；

　　　l_{cs}——钻孔超深，m。

表 5-1　常用钻机技术参数

生产厂家	钻机型号	最大钻孔长度/m	钻孔直径/m	钻进角度/(°)
阿特拉斯公司	DM-H2	74.70	311	60～90(5°为一个进量)
阿特拉斯公司	DM45	53.40	200	90
山特维克公司	1190E	60.54	311	60～90
山特维克公司	D245S	45.23	187	60～90
俄罗斯重型机械联合公司	SBSH-270IZ	≥18.00	270、311	60～90
衡阳有色冶金机械总厂	YZ35B	18.50	170～270	90
江西采矿机械厂	KY250A	17.00	250	90
江西采矿机械厂	KY200	15.00	150、170、200	90
洛阳矿山机械厂	KY310	17.50	250～310	90
江西采矿机械厂	KQG-150A	17.50	150、165	60、75、90

（2）拉斗铲

拉斗铲的作业半径、挖掘深度等限制抛掷爆破台阶高度及采掘带宽度。对于拉斗铲直接倒堆方式，剖面如图 5-3 所示。

要求满足关系式：

$$H_p \cot \delta + (H + h) \cot \beta + l_{db} \leqslant R_x \tag{5-30}$$

$$H + h - \frac{B_3}{\cot \beta + \cot \delta} \leqslant H_{ws} \tag{5-31}$$

$$H_p - H - h \leqslant H_x \tag{5-32}$$

式中　H_p——倒堆内排土台阶高度，$H_p = k_s H + 0.25 A \tan \delta$，m；

　　　δ——倒堆内排土台阶坡面角，(°)；

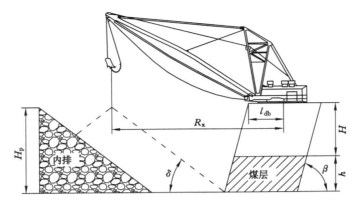

图 5-3　直接倒堆剖面图

l_{db}——拉斗铲作业中心线距台阶坡顶线的距离,m;

R_x——拉斗铲卸载半径,m;

B_3——拉斗铲勺斗宽度,m;

H_{ws}——拉斗铲挖掘深度,m;

H_x——拉斗铲卸载高度,m。

对于拉斗铲扩展平台倒堆方式,拉斗铲线性尺寸主要限制作业平台的宽度和高度,已在第 3 章进行了相关研究。

5.3.3　生产作业条件

（1）采煤作业空间

抛掷爆破台阶采掘带宽度应该满足采运设备的作业要求,尤其在煤层需要选采或者厚煤层分台阶开采时。为了提高单斗挖掘机及运煤卡车的效率,采煤工作面卡车通常采用回返式入换方式,卡车入换需要的宽度为:

$$A_{rh} = 2R_a + K_a + 2C \tag{5-33}$$

式中　R_a——卡车道路回转半径,m;

　　　K_a——卡车车体宽度,m;

　　　C——卡车距沟道坡底线安全距离,一般取 2 m。

单斗挖掘机装车需要的宽度为:

$$A_{zc} = R_{xz} + R_{hz} + \frac{1}{2}K_a + C + C_d \tag{5-34}$$

式中　R_{xz}——单斗挖掘机卸载半径,m;

　　　R_{hz}——单斗挖掘机尾部回转半径,m;

C_d——单斗挖掘机尾部距台阶边缘的安全距离,一般取 2 m。

因此,煤层单台阶开采时,采掘带宽度应满足:

$$A \geqslant \max\{A_{rh}, A_{zc}\} \tag{5-35}$$

煤层分台阶开采时,为了满足上分台阶煤层的运输,采掘带宽度应满足:

$$A \geqslant \max\{A_{rh}, A_{zc}\} + A_{dl} \tag{5-36}$$

式中　A_{dl}——运煤道路宽度,m。

（2）技术工作线长度

拉斗铲倒堆工艺条件下,抛掷爆破台阶穿爆、倒堆剥离、煤层穿爆及采煤等环节追踪进行,为了满足设备安全稳定高效生产,各环节需要保证有一定的作业量,且在推进过程中需要保持一定的追踪距离。因此,需要保证最小的工作线长度。

工作线全长作业时,最小工作线长度应为:

$$L_{min} = L_{cb} + L_{dd} + L_{mb} + L_{cm} \tag{5-37}$$

式中　L_{cb}——抛掷爆破台阶穿爆区长度,m;

L_{dd}——倒堆区长度,m;

L_{mb}——煤层爆破区长度,m;

L_{cm}——采煤区长度,m。

其中,穿爆区长度应保证拉斗铲一定时期的倒堆剥离量;倒堆区长度应大于拉斗铲两倍的作业半径,并考虑一定的安全距离;煤层爆破区应满足一定时期的采煤量,并考虑与倒堆区的安全距离;采煤区长度需要考虑与煤层爆破区的安全距离,如果煤层划分台阶,还应考虑采煤台阶之间的安全距离及原煤运输。

倒堆剥离和采煤分区交替作业时,最小工作线长度为:

$$L_{min} = 2\max\{L_{cb} + L_{dd}, L_{mb} + L_{cm}\} \tag{5-38}$$

（3）露天煤矿生产能力

露天煤矿计划原煤产量、煤层厚度一定的情况下,抛掷爆破台阶高度越大,拉斗铲的年计划剥离量越大,而拉斗铲的年生产能力有限,因此抛掷爆破台阶高度、工作线长度需要满足以下关系:

$$\frac{LHM_d(1 - k_1 + k_2 - k_f)}{L_m h \gamma k_c} \leqslant Q_p T_{da} \tag{5-39}$$

式中　T_{da}——拉斗铲年作业小时,h。

同理,抛掷爆破台阶参数也受抛掷台阶钻孔的钻机生产能力的限制。

（4）备采煤量

工作线长度、采掘带宽度影响露天煤矿备采煤量,工作线采用"分区交替"布置方式时,应该满足:

$$L_m Ah\gamma k_c \geqslant 2M_{rc}$$ (5-40)

5.4 基于 NSGA-Ⅱ 的多目标优化模型求解方法

与单目标优化问题不同,多目标优化问题的解通常不是使多方面目标同时达到最优的绝对最优解,而是一组非劣解,其求解过程就是寻找非劣解的过程,因此多是通过一定的算法实现。

为了兼顾各目标的利益,又体现各目标地位的不同,多目标优化算法应尽量使搜索到的 Pareto 最优解的目标向量最大限度地逼近 Pareto 最优前端,并能均匀、广泛地分布在 Pareto 最优前端上,且算法收敛速度快。

目前,多目标优化问题的求解主要有传统优化算法和智能优化算法两大类。常见的传统优化算法包括线性加权和法、约束法、目标规划法等,智能优化算法包括进化算法、粒子群算法、蚁群算法、人工免疫系统、模拟退火算法等。传统算法实质上是把多目标优化问题转换为一个或一系列单目标优化问题,利用单目标优化问题的求解方法求解。为了获得多个非劣解,常常需要多次调整参数,多次求解,且求解过程相互独立,没有信息交互,因此计算效率较低。此外,大多数传统算法需要先验知识,对于复杂的多目标优化问题,有时可能很难找到非劣解。智能算法通过模拟自然现象建立数学模型,具有自组织、自适应等特性,尤其是进化算法,它可以并行搜索多个解,并能够利用不同解之间的相似性提高并发求解能力,因此其较适合用于多目标优化问题的求解。其中,带精英策略的非支配排序遗传算法(NSGA-Ⅱ)是较为经典的进化算法,应用较为普遍。本书利用 NSGA-Ⅱ 求解抛掷爆破台阶参数多目标优化设计模型。

NSGA-Ⅱ 是由德布等人针对 NSGA 的不足提出的一种改进算法,NSGA-Ⅱ 提出了快速非支配排序方法,降低了计算复杂度;采用精英策略,扩大采样空间,保留优良个体;引入拥挤度比较机制,维持解的多样性。NSGA-Ⅱ 算法通过非支配排序等级和个体的拥挤距离协调各目标函数的关系,可以避免求解时的目标偏好性。NSGA-Ⅱ 运行效率高,解集具有良好的分布性,特别是在低维多目标优化问题上表现较好。

5.4.1 NSGA-Ⅱ 算法流程

(1)设定种群规模 N、变异概率 P_{mut},交叉概率 P_{cross},最大进化代数 T 等,随机产生规模为 N 的初始种群 $P_t(t=0)$。

(2)对种群 P_t 进行选择、交叉、变异,产生规模为 N 的子代种群 Q_t,并将 P_t 和 Q_t 合并为规模为 $2N$ 的混合种群 R_t,$R_t = P_t \bigcup Q_t$。

（3）对种群 R_t 进行快速非支配排序，得到非支配解集 $\{F_1, F_2, \cdots\}$，令 $P_{t+1} = \varnothing, i=1$，当 $|P_{t+1}| + |F_i| \leqslant N$ 时，$P_{t+1} = P_{t+1} \bigcup F_i, i=i+1$；否则，计算 F_i 中个体的拥挤距离，对 F_i 中个体根据拥挤距离按降序排序，令 $P_{t+1} = P_{t+1} \bigcup F_i[1:(N-|P_{t+1}|)]$。

（4）令 $t=t+1$，若 $t>T$，则终止，否则重复步骤（2）、（3）、（4）。

算法流程见图 5-4。

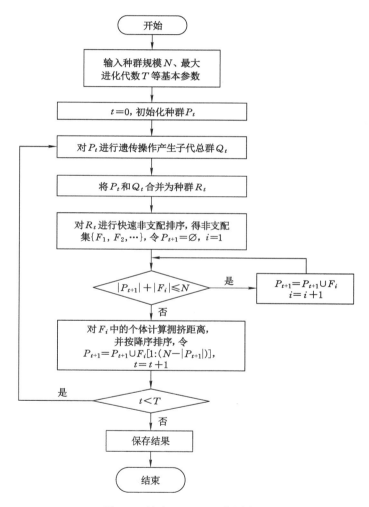

图 5-4　结束 NSGA-Ⅱ主要流程

5.4.2 关键算子

1. 快速非支配排序

对于种群 P 中的每个个体 p，假设种群中支配 p 的个体数量为 n_p，被个体 p 所支配的个体的集合为 S_p，令 $i=1$，快速非支配排序步骤如下：

（1）找出种群 P 中所有 $n_p=0$ 的个体，并存入当前集合 F_i。

（2）对集合 F_i 中的每个个体 q，考察它所支配的个体集合 S_q，将 S_q 中的每个个体 r 的 n_r 减 1，如果 $n_r=0$，则将个体 r 存入集合 Q。

（3）将 F_i 作为第一非支配前端，并赋予 F_i 中每个个体一个相同的非支配序 $p_{rank}=i$，令 $i=i+1$，$F_i=Q$。

（4）若 F_i 不为空，则转入步骤（2），否则停止。

在非支配解集 $\{F_1, F_2, \cdots\}$，F_1 的解只支配解而不被其他解支配，F_2 中的解只被 F_1 中的解支配，依此类推。

2. 拥挤距离计算

拥挤距离描述群体个体所处环境的拥挤程度，计算步骤如下：

（1）假设个体数为 L，d_i 为个体 i 的拥挤距离，令 $d_i=0$。

（2）设 f_m 为目标函数，$m=1,2,\cdots,M$（M 为目标函数个数），根据每个目标函数值对所有个体进行升序排序，排在第一位和最后一位个体的拥挤距离设为 $d_1=d_L=\infty$，即将每个目标函数中具有最小和最大函数值的个体的拥挤距离设置为无穷大。

（3）利用式（5-41）计算非边界个体 i 的拥挤距离：

$$d_i = \frac{1}{M}\sum_{m=1}^{M} \frac{|f_m(i-1)-f_m(i+1)|}{f_{m\max}-f_{m\min}} \tag{5-41}$$

其中，$f_m(i-1)$、$f_m(i+1)$ 分别为第 m 个目标函数围绕 i 的最近两个个体 $(i-1)$、$(i+1)$ 的目标函数值，$f_{m\max}$、$f_{m\min}$ 分别为第 m 个目标函数的最大值和最小值。

3. 拥挤距离比较算子

如果两个个体的非支配排序不同，则具有较低非支配排序序号的个体为优，如果两个个体处在同一个支配前端中，则拥挤距离较大的个体较优，即

$$i <_n j, \quad i_{rank} < j_{rank} \text{ 或}(i_{rank}=j_{rank} \text{ 和 } i_{dis} > j_{dis}) \tag{5-42}$$

式中 $<_n$——拥挤距离比较算子；

$\quad\quad i_{rank}$——非支配排序序号；

$\quad\quad i_{dis}$——拥挤距离。

5.4.3 遗传操作

NSGA-Ⅱ中的遗传操作采用锦标赛选择方法、模拟二进制交叉算子和多项式变异算子。

1. 锦标赛选择方法

随机选择 k（一般 $k=2$）个个体利用拥挤距离比较算子进行比较，选取较优的个体。

2. 模拟二进制交叉算子

采用实数编码时，利用模拟二进制交叉算子对父代个体进行交叉操作。第 t 代的两个个体 p_1、p_2 交叉产生 $(t+1)$ 代两个个体 c_1、c_2 的过程为：

（1）取一随机数 $\mu_k \in (0,1)$。

（2）计算分布因子 β_k：

$$\beta_k = \begin{cases} (2\mu_k)^{\frac{1}{\eta_c+1}}, & \mu_k < 0.5 \\ \left[\dfrac{1}{2(1-\mu_k)}\right]^{\frac{1}{\eta_c+1}}, & \mu_k \geq 0.5 \end{cases} \tag{5-43}$$

式中　η_c——交叉分布指数。

（3）计算得个体 c_1、c_2：

$$\begin{cases} c_{1,k} = \dfrac{1}{2}\left[(1-\beta_k)p_{1,k} + (1+\beta_k)p_{2,k}\right] \\ c_{2,k} = \dfrac{1}{2}\left[(1+\beta_k)p_{1,k} + (1-\beta_k)p_{2,k}\right] \end{cases} \tag{5-44}$$

式中　$c_{1,k}$——个体 c_1 的第 k 个基因。

3. 多项式变异算子

假设 p_k 为父代个体 p 的第 k 个基因，基因变异的步骤如下：

（1）取一随机数 $r_k \in (0,1)$。

（2）计算 δ_k：

$$\delta_k = \begin{cases} (2r_k)^{\frac{1}{\eta_m+1}} - 1, & r_k < 0.5 \\ 1 - \left[2(1-\mu_k)\right]^{\frac{1}{\eta_m+1}}, & r_k \geq 0.5 \end{cases} \tag{5-45}$$

式中　η_m——变异分布指数。

（3）计算得个体 c：

$$c_k = p_k + (p_{ku} - p_{kl})\delta_k \tag{5-46}$$

式中　c_k——个体 c 的第 k 个基因；

p_{ku}——p_k 的上边界；

p_{kl}——p_k 的下边界。

5.4.4 约束处理

定义约束支配,满足以下任一条件,则称个体 i 约束支配个体。

(1) 个体 i 可行,个体 j 不可行;

(2) 个体 i、j 均不可行,但个体 i 具有较小的整体约束违反量;

(3) 个体 i、j 均可行,个体 i 支配个体 j。

根据以上定义可知,所有的可行解比非可行解具有较好的非支配序;对于两个非可行解,具有较小的整体约束违反量的解具有较好的支配序;所有的可行解根据非支配等级进行排序。

利用约束支配原则对种群进行快速非支配排序,这种非支配原则的修改不改变计算复杂性,且不改变算法的其他过程。

其中,约束违反量定义如下:

$$c_i(x) = \begin{cases} \max\{0, g_i(x)\}, i=1,2,\cdots,q \\ \max\{0, |h_i(x)|\}, i=q+1,q+2,\cdots,q+p \end{cases} \tag{5-47}$$

则整体约束违反量为 $c(x) = \sum\limits_{i=1}^{n} c_i(x)$。

5.5 工程实例

5.5.1 抛掷爆破台阶参数优化

以黑岱沟露天煤矿为例,相关参数见表 5-2。

表 5-2 相关参数

参数	单位	数值
岩石平均厚度	m	56
煤矿生产能力	万 t	3 400
DM-H2 钻机最大钻孔深度	m	74.7
DM-H2 钻机钻进角度	(°)	60、65、70、75、80、85、90
1190E 钻机最大钻孔深度	m	60.54
1190E 钻机钻进角度	(°)	60~90
单根钻杆长度	m	15.24

表5-2(续)

参数	单位	数值
拉斗铲作业半径	m	100
拉斗铲走行速度	m/h	210
运煤道路宽度	m	30
830E 转弯半径	m	14.2
830E 车体宽度	m	7.32
WK-35 尾部回转半径	m	9.95
WK-35 最大卸载半径	m	20.9

根据相关研究中的岩石力学参数,利用 Bishop 法计算不同台阶高度和坡面角时煤层与抛掷爆破台阶组成的高台阶的稳定系数,详见表5-3。

表 5-3　不同台阶高度和坡面角时高台阶的稳定系数

坡面角 /(°)	抛掷爆破台阶高度/m										
	30	32	34	36	38	40	42	44	46	48	50
60.0	1.582	1.536	1.496	1.459	1.427	1.390	1.356	1.327	1.299	1.272	1.252
62.5	1.526	1.482	1.442	1.405	1.372	1.338	1.306	1.277	1.249	1.225	1.201
65.0	1.471	1.434	1.394	1.360	1.325	1.290	1.260	1.231	1.204	1.178	1.154
67.5	1.417	1.377	1.342	1.306	1.274	1.242	1.215	1.187	1.161	1.136	1.113
70.0	1.367	1.330	1.293	1.259	1.227	1.199	1.171	1.144	1.119	1.095	1.072
72.5	1.317	1.279	1.243	1.211	1.182	1.153	1.126	1.101	1.077	1.060	1.038
75.0	1.275	1.237	1.204	1.172	1.142	1.114	1.088	1.063	1.040	1.014	0.999

利用表 5-3 中的数据进行多项式拟合,可以得出台阶稳定系数与台阶高度、台阶坡面角的关系,如式(5-48)、图 5-5 所示。

$$F_s = 4.701 - \frac{4.683H + 4.721\beta}{100} + \frac{2.413H^2 + 1.847H\beta + 1.574\beta^2}{10\,000}$$

$$(5-48)$$

拟合的和方差 SSE = 0.001 111,均方根 RMSE = 0.003 956,确定系数 $R\text{-square} = 0.999\,2$,校正决定系数 Adjusted $R\text{-square} = 0.999\,1$,说明拟合效果较好。

根据以上参数可以确定黑岱沟露天煤矿抛掷爆破台阶参数优化模型为:

$$\min P_z = P_z(H, L, A, \beta)$$

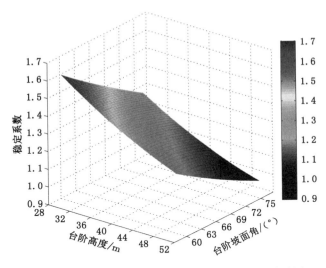

图 5-5 台阶稳定系数与台阶高度、台阶坡面角关系图

$$\max F_s = f(H, \beta)$$

$$\text{s. t.} \begin{cases} 11 \leqslant H \leqslant 56 \\ 1\,334 \leqslant L \leqslant 3\,500 \\ H/\sin \beta \leqslant 59.54 \\ \dfrac{140 L H (0.88 - k_1)}{L - (H + 28.8) \cot \beta} \leqslant Q_p \\ [L - (H + 28.8) \cot \beta] A \geqslant 99\,107 \\ \beta = \{65, 70, 75, 80, 85, 90\} \\ A \geqslant 60 \end{cases}$$

由于钻孔倾角为 60°时，装药较为困难，尤其是潮湿的炮孔，炸药很难到达孔底，令钻孔倾角最小为 65°。利用编写的相关程序代码求解，可得 Pareto 最优解集，如表 5-4 所示。

表 5-4 抛掷爆破台阶参数最优解集

序号	L/m	H/m	A/m	$\beta/(°)$	$P_z/$万元	F_s
1	2 200	38	84	65	145 919.83	1.325
2	2 100	37	84	65	146 115.57	1.339
3	2 100	36	84	65	146 366.97	1.360
4	2 000	35	84	65	146 611.93	1.374

表5-4(续)

序号	L/m	H/m	A/m	$\beta/(°)$	$P_z/$万元	F_s
5	2 000	34	84	65	146 725.98	1.394
…	…	…	…	…	…	…

决策者可以权衡采剥总费用与高台阶稳定性之间的关系,从最优解集中选择一个解作为最优解。

由于在稳定性计算过程中,没有考虑岩体裂隙、爆破震动等的影响,计算结果偏大,为保证抛掷爆破高台阶的稳定,设计要求 $F_s \geq 1.3$。最终确定黑岱沟露天煤矿抛掷爆破台阶参数优化结果为: $L = 2\ 200$ m, $H = 38$ m, $A = 84$ m, $\beta = 65°$。优化结果与露天煤矿生产现状比较结果见表5-5。

表 5-5 优化前后相关指标对比

项目	单位	当前值	优化值	差值
工作线长度	m	2 200	2 200	0
台阶高度	m	40	38	−2
采掘带宽度	m	80	84	4
台阶坡面角	(°)	65	65	0
预裂孔总长度	m	154 351	140 477	−13 874
有效抛掷率	%	30.05%	27.19%	−2.86%
抛掷爆破台阶年穿爆费用	万元	14 869.12	13 991.38	−877.74
抛掷爆破台阶年倒堆费用	万元	4 882.73	5 044.48	161.75
辅助剥离费用	万元	11 633.54	10 727.02	−906.52
上部岩石年剥离费用	万元	83 347.63	85 367.92	2 020.29
原煤开采费用	万元	31 387.03	30 789.03	−598.00
采剥总费用	万元	146 120.05	145 919.83	−200.22
台阶稳定系数		1.290	1.325	0.035

调整后,台阶高度降低2 m,采掘带宽度增加4 m,降低了辅助剥离量,扩大了煤层开采作业空间,提高了采煤单斗挖掘机和运煤卡车的生产效率和作业安全性,并使台阶稳定系数达到1.3以上,采剥总费用降低200万元,提高了系统作业的安全性,降低了生产成本。

5.5.2 抛掷爆破台阶参数对采剥费用的影响分析

1. 工作线长度、台阶高度对采剥总费用的影响

令 $A=80$ m，$\beta=65°$，台阶高度以 2 m 为步长从 32 m 增至 42 m，工作线长度以 100 m 为步长从 1 400 m 增至 3 500 m，计算采剥总费用，结果如图 5-6 所示。

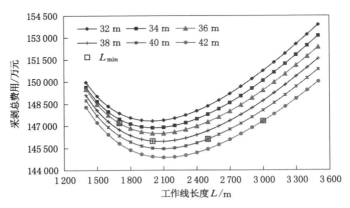

图 5-6　采剥总费用与工作线长度关系

在图 5-6 中，未填充方框所代表的点表示对应台阶高度的情况下，为了使拉斗铲生产能力满足矿山生产的要求，工作线长度应取的最小值，如台阶高度为 36 m 时，工作线长度至少应为 1 700 m。

由图 5-6 可知，在不考虑其他因素的情况下，采剥总费用随着工作线长度的增大先减小后增大。最小工作线长度在 2 100 m 左右，工作线长度大于 2 400 m 之后，采剥总费用显著增大。不同台阶高度条件下，采剥总费用变化规律基本一致。

不考虑其他因素影响时，采剥总费用随着台阶高度的增大而减小。但由于拉斗铲生产能力的限制，随着台阶高度的增大，工作线长度也必须增大，最小工作线长度 $L_{\min}$ 可能大于采剥总费用最小时对应的工作线长度，因此，实际采剥总费用不是随着台阶高度的增大而减小。在图 5-6 中，台阶高度 38 m、工作线长度 2 100 m 对应的采剥总费用最小，为 145 953 万元。

（1）工作线长度对生产费用的影响

不考虑拉斗铲生产能力限制等条件，增加工作线长度，可以降低露天煤矿年推进度、提高拉斗铲、采煤单斗挖掘机等的生产效率，如图 5-7 所示，但会增加原煤及岩石的运输距离。

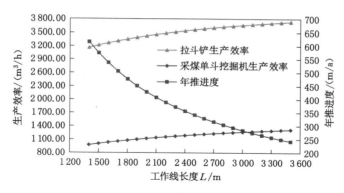

图 5-7　生产效率、年推进度与工作线长度关系

令 $A=80$ m，$\beta=65°$，$H=38$ m，通过计算可知，工作线长度以 100 m 为步长由 1 400 m 增加至 3 500 m 的过程中，抛掷爆破台阶年剥离总费用显著降低，由 33 677 万元降低至 26 538 万元；原煤开采费用由 30 511 万元逐渐增加至 34 026 万元。而上部岩石剥离费用先降低后增加，工作线长度为 1 700 m 时，最小为 84 480 万元，之后快速增加至 91 001 万元，如图 5-8 所示。

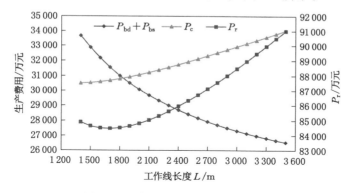

图 5-8　生产费用与工作线长度关系

（2）台阶高度对生产费用的影响

不考虑拉斗铲生产能力限制等条件，增加抛掷爆破台阶高度，可以提高拉斗铲及钻机的生产效率，如图 5-9 所示。其中，台阶高度为 40 m 时，钻机生产效率降幅较大是由于钻机需要接、卸钻杆数增加。此外，增加台阶高度，还可以提高有效抛掷率，增加拉斗铲倒堆量，降低上部单斗卡车工艺剥离量，降低采剥总费用。

令 $A=80$ m，$\beta=65°$，$L=2\,100$ m，通过计算可知，在 $30\sim50$ m 范围内，随

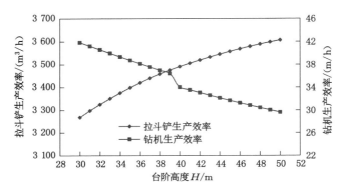

图 5-9 拉斗铲、钻机生产效率与台阶高度关系

着台阶高度的增加,抛掷爆破台阶剥离总费用显著增加,上部岩石剥离费用显著降低,而煤层开采费用变化较小,如图 5-10 所示。

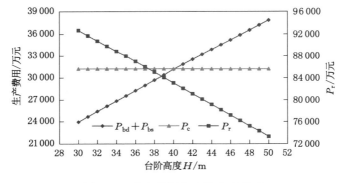

图 5-10 生产费用与台阶高度关系

2. 台阶坡面角、采掘带宽度对采剥费用的影响

为分析台阶坡面角及采掘带宽度对采剥总费用的影响,假设台阶高度 $H =$ 38 m、工作线长度 $L = 2$ 100 m,令采掘带宽度以 2 m 为步长从 60 m 增至 90 m,台阶坡面角以 5° 为步长从 65° 增加至 80°,计算不同条件下的采剥总费用,结果如图 5-11 所示。

由图 5-11 可知,采剥总费用随着台阶坡面角的增大而降低。台阶坡面角由 65° 提高至 80° 时,采剥总费用平均降低 367 万左右,降幅在 0.25% 左右。采掘带宽度在 60~90 m 范围内变化时,采剥总费用变化规律基本一致,采剥总费用随着采掘带宽度的增大先降低后增大,当采掘带宽度为 84 m 时,采剥总费用最小。

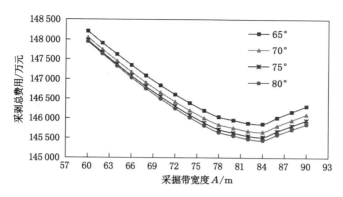

图 5-11　采剥总费用与采掘带宽度关系

（1）台阶坡面角对生产费用的影响

增大台阶坡面角可以减小炮孔总长度,提高钻机生产效率,但会降低有效抛掷率,因此会降低抛掷爆破台阶穿爆费用,增大拉斗铲倒堆费用。此外,随着钻孔倾角的增大,煤层工作线长度增大,生产剥采比和露天煤矿年推进度均降低,进而降低抛掷台阶倒堆费用和上部岩石剥离费用。

令采掘带宽度 $A=80$ m,通过计算可知,台阶坡面角由 65°增至 75°时,抛掷爆破台阶穿爆费用 P_{bd} 由 14 023 万元降低至 13 935 万元,降低 0.63%;抛掷爆破台阶倒堆费用 P_{bs} 由 4 751 万元增加至 4 889 万元,增加 2.90%,如图 5-12 所示。上部岩石剥离费用 P_r 由 85 041 万元降低至 84 480 万元,降低 0.66%;而原煤开采费用 P_c 增加较小,如图 5-13 所示。

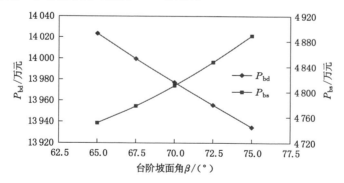

图 5-12　抛掷爆破台阶穿爆、倒堆费用与台阶坡面角关系

（2）采掘带宽度对生产费用的影响

增加采掘带宽度,可以减小预裂孔总长度,提高钻机生产效率,降低抛掷爆

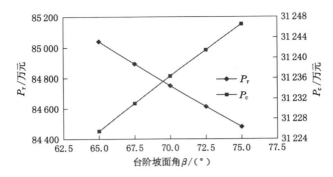

图 5-13　上部岩石剥离、原煤开采费用与台阶坡面角关系

破台阶穿爆费用,并可以扩大采煤单斗挖掘机及运煤卡车作业空间,提高生产效率和备采煤量,虽然相对增加拉斗铲的纯作业时间,但会提高拉斗铲作业周期,降低有效抛掷率,提高辅助作业量。

令台阶坡面角 $\beta=65°$,通过计算可知,采掘带宽度由 60 m 增至 90 m 时,拉斗铲平均生产效率先增大后降低,当采掘带宽度为 70 m 时最大,为 3 729 m^3/h;有效抛掷率由 38% 逐渐降低至 25%,如图 5-14 所示。抛掷爆破台阶年穿爆费用由 14 165 万元降低至 13 977 万元,降幅仅 1.33%,而倒堆费用则由 3 249 万元增加至 5 280 万元,增幅 62.51%,如图 5-15 所示。上部岩石剥离费用由 84 737 万元增加至 85 192 万元,增幅仅 0.54%,而原煤开采费用先显著降低后缓慢增加,采掘带宽度为 84 m 时最小,为 30 630 万元,与采掘带宽度为 60 m 时相比降幅达 14.95%,如图 5-16 所示。

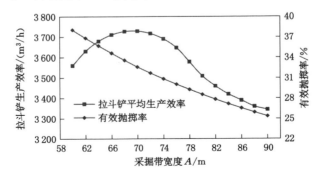

图 5-14　有效抛掷率、拉斗铲平均生产效率与采掘带宽度关系

由以上分析可知,增加抛掷爆破台阶高度可以降低采剥总费用;增加台阶坡面角或采掘带宽度,均会增加抛掷爆破台阶倒堆费用,降低抛掷爆破台阶穿爆费

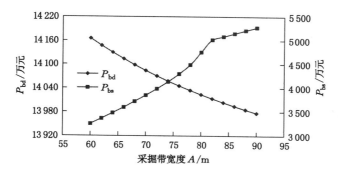

图 5-15 抛掷爆破台阶穿爆、倒堆费用与采掘带宽度关系

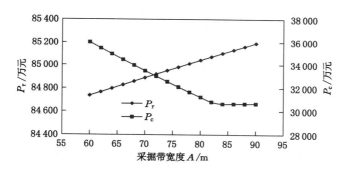

图 5-16 上部岩石剥离、原煤开采费用与采掘带宽度关系

用。但前者会降低上部岩石剥离费用,增加原煤开采费用;后者会增加上部岩石剥离费用,使原煤开采费用先显著降低后缓慢增加。因此,为了降低采剥总费用,应尽量增加抛掷爆破台阶高度、台阶坡面角,选择合适的工作线长度和采掘带宽度。

但由表 5-4 可知,最优解中所有台阶坡面角均为 65°,为最小值。主要是因为台阶坡面角对台阶稳定性影响较大,而台阶高度对采剥总费用的影响较大,在相同稳定系数的情况下,应取较小的台阶坡面角、较大的台阶高度。

6   拉斗铲倒堆工艺系统可靠性优化理论

拉斗铲倒堆工艺系统的可靠性过高会导致设备利用率降低,生产成本提高;而拉斗铲倒堆工艺系统的可靠性过低则有可能影响露天煤矿持续稳定的生产。因此,需要通过动态确定煤层的加权平均厚度,准确预测拉斗铲的生产能力,利用单斗卡车辅助剥离,调整拉斗铲作业平台高度或抛掷爆破台阶高度等方式优化拉斗铲工艺系统的可靠性。

6.1   拉斗铲倒堆工艺系统可靠性

6.1.1   基本概念

拉斗铲倒堆工艺系统可靠性指拉斗铲倒堆工艺在当前露天煤矿的生产作业条件下和计划的时间内完成计划的剥离任务的能力,其可靠度为系统在当前露天煤矿生产作业条件下和计划的时间内完成计划的剥离任务的概率,即

$$R = P(Q_a \geqslant Q_d) \tag{6-1}$$

式中 R ——拉斗铲倒堆工艺系统可靠度;

Q_a ——拉斗铲实际生产能力,$m^3/$月;

Q_d ——拉斗铲计划剥离量,$m^3/$月。

定义中“计划的时间”主要指生产计划周期,通常以年、月、周为周期;“生产作业条件”主要包括地质资源条件、工艺参数、设备生产能力等。

定义拉斗铲倒堆工艺系统故障为拉斗铲倒堆工艺系统因拉斗铲故障停产、拉斗铲计划任务量较大等原因造成的拉斗铲倒堆工艺系统完不成计划任务。

为评价拉斗铲倒堆工艺系统可靠性,引入可靠性测度的概念:

$$F = \frac{Q_a}{Q_d} \tag{6-2}$$

式中 F ——拉斗铲倒堆工艺系统可靠性测度(简称可靠性测度)。

露天煤矿正常生产时 F 通常围绕“1”上下波动。用 F 的值可以衡量拉斗铲倒堆工艺系统完成计划剥离任务量的能力,亦即衡量拉斗铲倒堆工艺系统的可

靠程度,显然 $F \geqslant 1$ 时,拉斗铲倒堆工艺系统可靠度 $R=1$;$F<1$ 时,拉斗铲倒堆工艺系统可靠度 $R<1$。

6.1.2 可靠性影响因素分析

假设倒堆台阶下有一大块段煤,由 n 个小块段组成,如图 6-1 所示,其储量为 M_r,则:

$$M_r = \sum_{i=1}^{n} M_{ri} = \sum_{i=1}^{n} l_i h_i A \gamma = L_{kd} \bar{h} A \gamma \tag{6-3}$$

式中 M_r——大块段煤的储量,t;

$\quad\quad n$——小块段数;

$\quad\quad M_{ri}$——第 i 个小块段的储量,t;

$\quad\quad l_i$——第 i 块段长度,m;

$\quad\quad h_i$——第 i 块段测量高度,m;

$\quad\quad A$——拉斗铲倒堆工艺采掘带宽度,m;

$\quad\quad \gamma$——煤的密度,t/m³;

$\quad\quad L_{kd}$——大块段长度,$L_{kd} = \sum_{i=1}^{n} l_i$,m;

$\quad\quad \bar{h}$——煤层的加权平均厚度,$\bar{h} = \dfrac{1}{L_{kd}} \sum_{i=1}^{n} l_i h_i$,m。

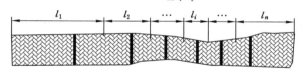

图 6-1 煤层储量计算示意图

假设露天煤矿在计划周期 T_d 内的原煤生产能力为 M_{dm},煤层采出率为 k_c,则计划开采区域的原煤储量为:

$$M_{rd} = \frac{M_{dm}}{k_c} \tag{6-4}$$

由 $M_{rd} = M_r$ 可推算出采煤工作面沿工作线方向上的移动距离为:

$$l_{mt} = \sum_{i=1}^{n} l_i = L_{kd}$$

为了保证露天煤矿生产的持续稳定,要求拉斗铲沿工作线方向上的移动距离与采煤工作面沿工作线方向上的移动距离相等,即

$$l_{\mathrm{d}} = l_{\mathrm{mt}} = \frac{M_{\mathrm{dm}}}{\bar{h} A \gamma k_{\mathrm{c}}} \tag{6-5}$$

式中 l_{d}——拉斗铲工作面移动距离,m;

l_{mt}——采煤工作面移动距离,m。

则拉斗铲工作面移动速度 $v_{\mathrm{d}} = l_{\mathrm{d}} / T_{\mathrm{d}}$。

拉斗铲计划剥离量为:

$$Q_{\mathrm{d}} = \frac{(S_{\mathrm{d}} + S_{\mathrm{dd}}) l_{\mathrm{d}}}{k_{\mathrm{s}}} = \frac{(S_{\mathrm{d}} + S_{\mathrm{dd}}) M_{\mathrm{dm}}}{\bar{h} A \gamma k_{\mathrm{c}} k_{\mathrm{s}}} \tag{6-6}$$

式中 S_{d}——拉斗铲扩展平台面积,m^2;

S_{dd}——作业平台内需拉斗铲倒堆剥离面积,m^2。

令 S_{dz} 为拉斗铲倒堆总面积,即 $S_{\mathrm{dz}} = S_{\mathrm{dd}} + S_{\mathrm{d}}$。

假设计划月原煤生产能力 $M_{\mathrm{dm}} = 2.83$ Mt,采掘带宽度 $A = 85$ m 不变,根据式(6-5)可得拉斗铲工作面移动速度 v_{d} 与煤层加权平均厚度 $\bar{h}$ 的关系;根据式(6-6)可得拉斗铲计划剥离量 Q_{d} 与煤层加权平均厚度 $\bar{h}$ 的关系,见图 6-2。

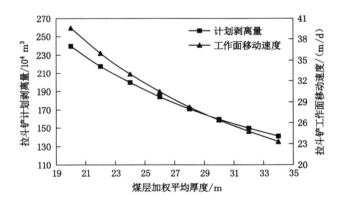

图 6-2   拉斗铲计划剥离量、工作面移动速度与煤层加权平均厚度的关系

由图 6-2 可以看出,在采掘带宽度不变、计划原煤生产能力一定的情况下,拉斗铲工作面移动速度、拉斗铲计划剥离量均随着煤层加权平均厚度的减小而不断增大,拉斗铲倒堆工艺系统的可靠性也因此不断降低。如果拉斗铲的实际生产能力达不到计划能力,就会导致计划任务无法完成,即导致拉斗铲倒堆工艺系统故障。

同理,随着计划原煤生产能力 M_{dm}、拉斗铲倒堆总面积 S_{dz} 的增大,拉斗铲计划剥离量不断增大,拉斗铲倒堆工艺系统可靠性不断降低。

S_{dz} 与抛掷爆破台阶高度 H、采掘带宽度 A、拉斗铲作业平台高度 H_z、拉斗铲作业平台宽度 B_z 有关。对于露天煤矿,一般情况下采掘带宽度及拉斗铲作业平台宽度基本不变。抛掷爆破台阶高度及拉斗铲作业平台高度的增大均会导致 S_{dz} 的增加,从而导致拉斗铲倒堆工艺系统可靠性的降低。

此外,在其他参数不变的情况下,拉斗铲实际生产能力越大,拉斗铲完成计划的剥离任务的能力越强,拉斗铲倒堆工艺系统可靠性越大。

在生产实践中,计划原煤生产能力是根据露天煤矿年生产计划及生产条件确定的;抛掷爆破台阶高度一旦确定不便在短期内调整,但会随着煤层顶板的起伏有所变化;由于煤层已经揭露,其厚度变化情况容易掌握;拉斗铲实际生产能力随着气候、爆破质量等因素的变化而有规律的变化。

因此,可以通过动态确定煤层厚度、抛掷爆破台阶高度、拉斗铲生产能力等参数提高拉斗铲倒堆工艺系统的可靠性。

6.2 设计参数动态调整方法

6.2.1 煤层厚度、抛掷爆破台阶高度测量

拉斗铲倒堆工艺适用于煤层为近水平或缓倾斜赋存的露天煤矿,而煤层倾角和厚度均是在一定范围内呈现一定的变化规律,且拉斗铲倒堆工艺剥离台阶下的煤层及抛掷爆破台阶均已出露,可以直接沿垂直煤层顶、底板或者抛掷爆破台阶上、下盘的层面测量其真厚度,如图 6-3 所示。对于厚度变化不明显的区域可加大测量间距,而对于厚度变化较大的区域可以加密测量点,很容易控制测量误差。

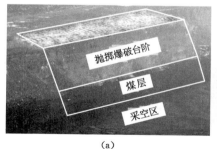

(a)   (b)

图 6-3 抛掷爆破台阶与下部煤层

6.2.2 拉斗铲生产能力预测

（1）预测模型的建立

拉斗铲生产能力受倒堆工艺技术决策与参数、抛掷爆破质量、矿山的组织管理水平、设备的维修保养水平、拉斗铲司机操作水平、气候等因素的综合影响，影响因素较多，并且关系复杂。因此，与抛掷爆破爆堆形态预测类似，同样采用广义回归神经网络建立拉斗铲生产能力模型。

根据对影响拉斗铲生产能力主要因素的分析，本书选取拉斗铲实动时间、炸药单耗、采装周期、气候因子等四个指标作为广义回归神经网络的网络输入，以拉斗铲生产能力作为网络的输出，构建图 6-4 所示的拉斗铲生产能力预测模型。

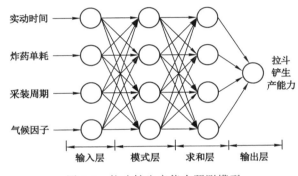

图 6-4　拉斗铲生产能力预测模型

其中，拉斗铲实动时间、采装周期、拉斗铲生产能力可以通过现场统计获得；根据露天煤矿抛掷爆破设计可以获得每月的抛掷爆破岩石量及炸药消耗量，即可计算出露天煤矿每月的炸药单耗；气候因子可根据每月的天气情况（如温度、降雨、降雪、雾霾等）评估。

本预测模型中输入层神经元数目 $m=4$，输出层神经元的数目 $k=1$。

（2）模型的求解

模型求解前不再采用聚类分析筛选样本，但需要对数据进行归一化处理，网络的训练和预测方法与抛掷爆破爆堆形态预测模型相同。

6.3　系统可靠性动态优化模型

6.3.1　优化模型建立

根据拉斗铲倒堆工艺的作业程序可知，抛掷爆破后，首先利用推土机平整爆堆,然后利用单斗挖掘机联合推土机做辅助扩展平台,有时单斗挖掘机挖掘的岩石由卡车直接运至内排土场排弃形成辅助剥离量。当作业平台满足拉斗铲作业要求时,拉斗铲进入工作面进一步扩展作业平台,并将剥离物倒堆至内排土场。

根据倒堆前后爆堆截面积不变可知:

$$S_{dd} + S_{dy} + S_{tty} + S_f = S_{bd} - S_5 \tag{6-7}$$

式中 S_{dd}——作业平台内需拉斗铲倒堆面积,m^2;

S_{dy}——拉斗铲扩展平台有效剥离面积,m^2;

S_{tty}——辅助扩展平台有效剥离面积,m^2;

S_f——单斗卡车辅助剥离面积,m^2;

S_{bd}——爆堆截面积,m^2;

S_5——作业平台内拉斗铲无法倒堆面积,m^2。

因此,为了剥离爆堆内所有岩石,拉斗铲计划剥离量 $Q_d = l_d(S_{dd} + S_d)/k_s$,推土机及单斗挖掘机做辅助扩展平台量 $V_{tt} = l_d S_{tt}/k_s$,单斗卡车辅助剥离量 $V_f = l_d S_f/k_s$。其中,拉斗铲扩展平台量 $V_{dk} = l_d S_d/k_s$,推土机扩展平台量 $V_{tk} = \eta_t n Q_{ta} T_d$,单斗挖掘机扩展平台量 $V_{wk} = V_{tt} - \eta_t n Q_{ta} T_d$。受生产能力限制,要求:

$$\begin{cases} 0 \leqslant V_{wk} \leqslant m Q_{wa} T_d \\ V_f \leqslant m Q_{wa} T_d - V_{wk} \\ \dfrac{l_d(S_{dd} + S_d)}{k_s} \leqslant Q_a \end{cases} \tag{6-8}$$

式中 n——爆堆上布置的推土机数量;

m——单斗挖掘机数量;

η_t——推土机完成扩展平台量与生产能力的比值;

Q_{wa}——挖掘机生产能力;

Q_{ta}——推土机生产能力。

根据式(6-7)、式(6-8),调整单斗卡车辅助剥离量 V_f、单斗挖掘机扩展平台量 V_{wk}、作业平台高度 H_z、抛掷爆破台阶高度 H,使 $1 \leqslant \dfrac{Q_a}{Q_d} \leqslant (1 + \eta_{fy})$。其中,$\eta_{fy}$ 为拉斗铲生产能力富余系数,一般取 $2\% \sim 5\%$。

6.3.2 系统可靠性优化步骤

1. 计算 Q_d、预测 Q_a

根据露天煤矿计划的月原煤生产能力 M_{dm} 及测量的煤层厚度 h_i,利用式(6-3)、式(6-6)推算出拉斗铲计划剥离量 Q_d,并根据建立的拉斗铲生产能力预测模型预测拉斗铲实际生产能力 Q_a。

2. $Q_d \leqslant Q_a$

比较 Q_d 与 Q_a 的大小，如果 $Q_d \leqslant Q_a$，说明拉斗铲倒堆工艺系统可以完成设计任务，系统可靠性测度 $F \geqslant 1$，系统可靠性较高，且拉斗铲生产能力还有富余。

(1) $Q_a - Q_d \leqslant Q_d \eta_{fy}$

当 $Q_a - Q_d \leqslant Q_d \eta_{fy}$ 时，为了保证拉斗铲生产能力有富余量，提高系统的可靠性，可不做任何调整。

(2) $Q_a - Q_d > Q_d \eta_{fy}$

当 $Q_a - Q_d > Q_d \eta_{fy}$ 时，为了充分发挥拉斗铲的生产能力，降低生产成本，可减小单斗挖掘机的辅助剥离量 V_f，或者适当加大抛掷爆破台阶高度 H 或露天煤矿计划的月原煤生产能力 M_{dm} 以增加拉斗铲计划剥离量 Q_d，亦可安排拉斗铲进行计划检修，保证拉斗铲以后的实动率。

由于拉斗铲的型号是根据生产任务选定，一般不会出现拉斗铲生产能力过于富余的情况，比较可行的方法是适当减小 V_f，或者安排拉斗铲进行计划检修。

如果 $Q_a - (1+\eta_{fy})Q_d \leqslant V_f$，则 V_f 变化量为：

$$\Delta V_f = (1 + \eta_{fy})Q_d - Q_a \tag{6-9}$$

如果 $Q_a - (1+\eta_{fy})Q_d > V_f$，则 ΔV_f 可在 $[-V_f, 0]$ 内根据实际情况取值，并安排拉斗铲进行计划检修，检修天数为：

$$t_{jx} = 30[Q_a - (1 + \eta_{fy})Q_d + \Delta V_f]/Q_a \tag{6-10}$$

3. $Q_d > Q_a$

如果 $Q_d > Q_a$，说明拉斗铲倒堆工艺系统无法完成设计任务，即系统出现故障，系统可靠性测度 $F = \dfrac{Q_a}{Q_d} < 1$，应该采取措施提高系统的可靠性。

此时，可增加单斗卡车辅助剥离量 V_f，以降低拉斗铲计划剥离量。假设拉斗铲作业台阶上能安排 m 套单斗卡车系统进行剥离工作。由于工作空间的限制，m 一般不大于 2。

因此，作业平台上单斗挖掘机作业量 $V_{zw}(V_{zw} = V_{wk} + V_f)$ 最大为 m 台单斗挖掘机的生产能力，即 $V_{zwmax} = mQ_w$。则单斗挖掘机最大辅助剥离量为 $V_{fmax} = V_{zwmax} - V_{wk}$，单斗卡车辅助剥离最大增加量为 ΔV_{fmax}。

当 $\Delta V_{fmax} \geqslant (1+\eta_{fy})Q_d - Q_a$ 时，增加 V_f，V_f 变化量为：

$$\Delta V_f = (1 + \eta_{fy})Q_d - Q_a \tag{6-11}$$

当 $\Delta V_{fmax} < (1+\eta_{fy})Q_d - Q_a$ 时，单斗挖掘机生产能力不足，只能降低抛掷爆破台阶高度 H，抛掷爆破台阶高度的降低量为：

$$\Delta H = \frac{(1+\eta_{\mathrm{fy}})Q_{\mathrm{d}} - Q_{\mathrm{a}} - V_{\mathrm{fmax}}}{l_{\mathrm{d}}Ak_{\mathrm{z}}} \tag{6-12}$$

优化流程见图 6-5。

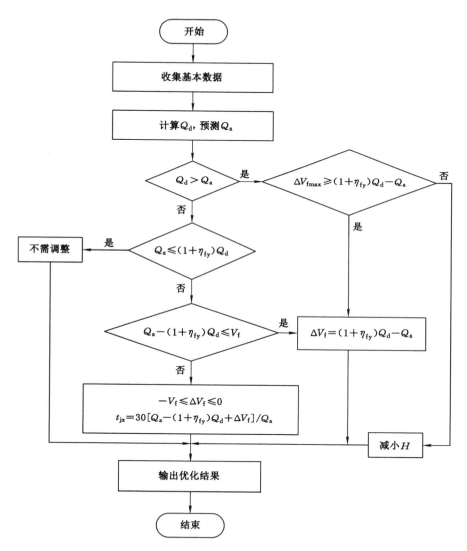

图 6-5 拉斗铲倒堆工艺系统可靠性优化流程图

6.4 可靠性优化措施

为了优化拉斗铲倒堆工艺系统的可靠性,可采取的措施主要包括:安排拉斗铲计划检修、单斗卡车辅助剥离、调整作业平台或抛掷爆破台阶高度、提高原煤生产储量、设置缓冲带。

单斗卡车辅助剥离借助单斗卡车间断工艺机动灵活的特点,辅助拉斗铲剥离作业平台内的部分岩石;调整作业平台或抛掷爆破台阶高度可较直接地调整拉斗铲计划剥离量;提高原煤生产储量主要是增加备采煤量、设置地面储煤仓等;设置缓冲带是指抛掷爆破台阶预留 1~2 个采掘带宽度的缓冲区域,避免上部岩石剥离影响抛掷爆破拉斗铲倒堆工艺系统。

下面主要叙述提高原煤生产储量和单斗卡车辅助剥离两个措施。

6.4.1 提高原煤生产储量

根据前文的定义可知,理想状态下,采用拉斗铲倒堆工艺的露天煤矿的备采煤量 $M_{rc} = \dfrac{1}{2} Lh A \gamma k_c$。因此,为了提高原煤生产储量,在条件允许的情况下,可以适当增大采掘带宽度和工作线长度。

此外,可以设置地面储煤仓。储煤量主要根据抛掷爆破埋压中部沟等造成的采煤作业中断时间、设备检修时间确定。

6.4.2 单斗卡车辅助剥离

当拉斗铲的生产能力不能满足生产要求时,利用单斗卡车辅助拉斗铲剥离部分抛掷爆破的岩石。由于抛掷爆破爆堆较高,单斗卡车不能直接剥离,单斗卡车辅助剥离不能影响拉斗铲正常的倒堆作业,因此需要研究单斗卡车如何辅助剥离抛掷爆破的岩石以及何时辅助剥离。此外,由于单斗卡车的生产成本高于拉斗铲倒堆剥离的成本,为了降低生产成本,应尽量增大拉斗铲的倒堆量,减小单斗卡车的辅助剥离量。

单斗卡车的辅助剥离量包括两部分。一部分为做扩展平台时利用单斗卡车直接排弃至内排土场的剥离量;另一部分为利用单斗卡车剥离拉斗铲作业平台内的剥离量。前者大小由作业平台高度决定,后者可根据煤层厚度、拉斗铲生产能力等的变化进行调整。

1. 单斗卡车辅助剥离量

根据 6.3.2 分析可知,当 $Q_d > Q_a$ 且 $\Delta V_{fmax} \geqslant (1 + \eta_{fy}) Q_d - Q_a$ 时,需要增加

单斗卡车辅助剥离量 V_f，单斗卡车辅助剥离量增加量为：

$$\Delta V_f = (1 + \eta_{fy})Q_d - Q_a \qquad (6\text{-}13)$$

2. 单斗卡车辅助剥离作业方式

单斗卡车辅助拉斗铲剥离的作业程序与拉斗铲倒堆工艺系统的作业程序相似。抛掷爆破之后，利用推土机平整爆堆，然后利用电铲和推土机进行降段，并为拉斗铲做作业平台。当作业平台满足拉斗铲作业条件时，利用单斗卡车为拉斗铲进入工作面做联络路。做好联络路之后，在拉斗铲移至该区作业之前，即可利用单斗挖掘机剥离爆堆内侧的岩石，由卡车运输至内排土场排弃，或排弃至爆堆外侧扩展作业平台。

单斗卡车辅助剥离作业方式如图 6-6 所示。单斗挖掘机采用端工作面的作业方式，卡车在工作面采用折返式调车。剥离部分如图 6-7 所示。在拉斗铲进入工作面之前，剥离物可由卡车通过拉斗铲入口桥运往内排土场，如图 6-8(a)所示；当拉斗铲进入工作面进行倒堆剥离时，可以在拉斗铲作业范围之外利用单斗卡车进行辅助剥离，剥离物由卡车通过临时斜坡道或者拉斗铲回程路运往内排土场，如图 6-8(b)所示。

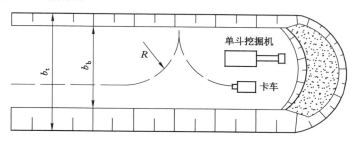

图 6-6 单斗卡车辅助剥离作业方式示意图

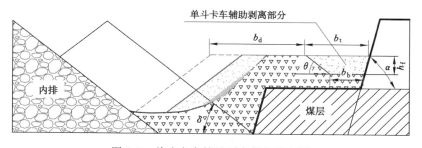

图 6-7 单斗卡车辅助剥离部分示意图

在图 6-6 和图 6-7 中，b_t 为辅助剥离形成沟道的顶面宽度，b_b 为沟道的底部宽度，R 为卡车回转半径；h_f 为辅助剥离台阶高度，θ 为沟道爆堆一侧的坡面角。

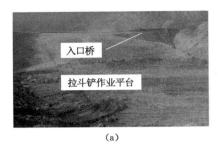 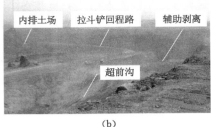

图 6-8　单斗卡车辅助剥离运输系统

由图 6-7 中的几何关系可知：

$$h_f = \min\left\{\frac{b_t - b_b}{\cot\theta + \cot\alpha}, H_z\right\} \tag{6-14}$$

则辅助剥离的推进距离 l_f 可按式(6-15)计算得出。

$$l_f = \frac{2\Delta V_f}{h_f(b_t + b_b)} \tag{6-15}$$

由于沟道底部宽度要满足双车运行、卡车调车、单斗挖掘机回转作业等要求，沟底宽度 b_b 有最小值 b_{bmin}。此外，由于拉斗铲作业平台宽度有最小值 B_{min}，b_t 有最大值 $b_{tmax} = B_z - B_{min}$，所以辅助剥离台阶高度有最大值 h_{fmax}。

因为 $l_f \leqslant l_d$，所以 $\Delta V_{fmax} \leqslant \frac{1}{2}l_d h_{fmax}(b_{tmax} + b_{bmin})$。而又因为 m 台单斗挖掘机的月最大生产能力为 mQ_{wa}，所以 $V_{wk} + V_f + \Delta V_f \leqslant mQ_{wa}$。因此，单斗卡车辅助剥离最大增加量为：

$$\Delta V_{fmax} = \min\left\{\frac{1}{2}l_d h_{fmax}(b_{tmax} + b_{bmin}), mQ_{wa} - V_{wk} - V_f\right\} \tag{6-16}$$

当 $\Delta V_f > \Delta V_{fmax}$ 时，单斗挖掘机无法完成辅助剥离任务，必须降低抛掷爆破台阶高度以减小倒堆剥离量。

3. 单斗卡车辅助剥离的特点分析

单斗卡车辅助拉斗铲剥离除了可以减少拉斗铲的剥离量，保证拉斗铲完成计划任务之外，还有以下优点：

（1）提高拉斗铲的生产能力。

拉斗铲倒堆爆堆内侧的岩石的平均回转角度明显大于倒堆爆堆外侧岩石的平均回转角度，回转角度大说明拉斗铲的回转时间较长。此外，剥离爆堆内侧岩石是为了避免铲斗碰撞台阶坡面，拉斗铲的装斗时间也较长。此时拉斗铲倒堆一斗岩石的循环周期较长，其生产能力较低。利用单斗卡车把爆堆内侧岩石剥离之后,因此拉斗铲负责倒堆爆堆外侧的岩石,循环周期变短,生产能力变大。

（2）避免拉斗铲铲斗碰撞台阶坡面。

拉斗铲负责倒堆爆堆外侧的岩石,尽量避免了拉斗铲铲斗碰撞抛掷爆破台阶坡面,保证了台阶坡面的完整性,为下一次抛掷爆破设计提供有利条件。

（3）节约拉斗铲的排弃空间。

由于拉斗铲的排弃高度、排弃距离有限,其排弃空间相对不足,利用单斗卡车把部分岩石排弃至其他位置,可以节约拉斗铲的排弃空间,同时也缩短了拉斗铲的倾倒时间,进而提高生产能力。

由于抛掷爆破爆堆较高、作业空间有限等原因,单斗卡车辅助剥离存在以下几点问题:

（1）由于作业空间的限制,单斗卡车辅助剥离时的生产能力明显下降。

（2）作业程序更加复杂,需要协调单斗卡车与拉斗铲之间的作业时间、作业位置。

（3）由于单斗卡车辅助剥离的生产成本较高,需要尽量减小其辅助剥离量,但由于工程问题复杂多变,剥离量又很难准确确定。

6.5　工程实例

黑岱沟露天煤矿原设计原煤生产能力 20.0 Mt/a,抛掷爆破台阶高度 $H=45$ m,采掘带宽度 $A=80$ m。后由于煤矿发展及市场需要等原因,原煤生产能力提升至 34.0 Mt/a,平均月原煤生产能力 M_{dm} 由 1.67 Mt/月增至 2.83 Mt/月。煤层平均厚度 $\bar{h}=28.8$ m,作业平台上单斗挖掘机最大作业量 $V_{zwmax}=1.25$ Mm³/月,最大辅助剥离量 $V_{fmax}=0.70$ Mm³/月。

由式（6-6）可计算出拉斗铲计划剥离量 Q_d 由 1.50 Mm³/月增至 2.45 Mm³/月,如果 Q_a 取平均值 1.6 Mm³/月,$\eta_{fy}=5\%$,则 $(1+\eta_{fy})Q_d-Q_a=0.9725$ Mm³/月 $>V_{fmax}$,此时必须降低抛掷台阶高度。利用式（6-12）计算可得抛掷爆破台阶高度降低量 $\Delta H=6.36$ m。考虑抛掷爆破布孔等因素,最终调整抛掷爆破台阶高度 $H=38$ m,采掘带宽度 $A=85$ m。

下面以 2015 年 11 月该矿的生产计划为例说明拉斗铲倒堆工艺系统的优化过程。

（1）计算 Q_d、预测 Q_a

计划开采区域煤层加权平均厚度 $\bar{h}=29.8$ m,月原煤生产能力 $M_{dm}=2.90$ Mt/月,利用式（6-5）计算得 $l_d=816.96$ m,利用式（6-6）计算得

$Q_d = 1.65 \ \mathrm{Mm^3/}$月。

根据单斗挖掘机、卡车、拉斗铲的型号，可以确定 $B_{min} = 51 \ \mathrm{m}$，$b_{tmax} = 69 \ \mathrm{m}$，$b_{bmin} = 40 \ \mathrm{m}$，根据现场实测 $\theta = 38°$，所以 h_f 有最大值 $h_{fmax} = H_z = 15 \ \mathrm{m}$，$\Delta V_{fmax} = \min\{0.66, 0.25\} = 0.25 \ \mathrm{Mm^3}$。

根据统计数据，如表 6-1 所示，以前 12 个样本作为网络训练、检验样本（其中 3/4 用来训练，1/4 用来检验），利用最后一个样本作为预测样本，将样本归一化之后，使光滑因子在 $[0.1,2]$ 之间以步长 0.1 变化进行循环训练，最终确定最佳的光滑因子为 0.2。利用建立的 GRNN 预测模型预测 Q_a，预测结果为 $Q_a = 1.53 \ \mathrm{Mm^3/}$月，如图 6-9 所示。

表 6-1　拉斗铲生产能力预测样本集

序号	年月	实动时间/h	炸药单耗/(kg/m³)	采装周期/s	气候因子	月生产能力/10⁴m³
1	2014 年 11 月	433.7	0.636	54	0.80	155.52
2	2014 年 12 月	376.5	1.185	56	0.95	154.13
3	2015 年 1 月	463.5	0.735	50	0.95	176.03
4	2015 年 2 月	379.8	0.710	51	1.00	166.11
5	2015 年 3 月	425.3	1.211	59	0.95	156.74
6	2015 年 4 月	429.0	0.509	56	0.90	150.52
7	2015 年 5 月	460.0	0.663	49	1.00	179.35
8	2015 年 6 月	338.2	0.668	52	0.90	159.91
9	2015 年 7 月	428.2	0.820	55	0.85	165.58
10	2015 年 8 月	440.7	0.659	58	0.80	164.39
11	2015 年 9 月	376.3	0.790	52	0.90	167.01
12	2015 年 10 月	354.5	0.747	56	0.90	160.29
13	2015 年 11 月	369.7	0.583	53	0.95	158.92

（2）比较 Q_d 与 Q_a

因为 $Q_d > Q_a$，$\Delta V_{fmax} \geqslant (1 + \eta_{fy})Q_d - Q_a$，所以需要增加单斗卡车辅助剥离量 V_f，V_f 增加量 $\Delta V_f = (1 + \eta_{fy})Q_d - Q_a = 0.19 \ \mathrm{Mm^3}$。在 $\Delta V_f = 0.19 \ \mathrm{Mm^3}$，$h_f$ 取最大值 15 m 时，利用式(6-15)可以计算出单斗卡车辅助剥离推进距离 $l_f = 235.9 \ \mathrm{m}$。

此时拉斗铲有 5% 富余能力，完全可以保证拉斗铲倒堆工艺系统的可靠性，但单斗卡车辅助剥离量为 $0.64 \ \mathrm{Mm^3}$，接近其最大值 $0.7 \ \mathrm{Mm^3}$，说明 2015 年 11 月露天煤矿的生产任务比较艰巨，生产接替比较紧张。

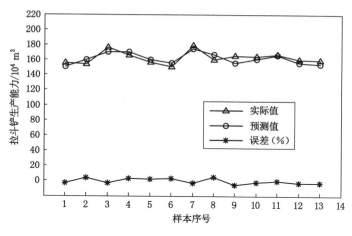

图 6-9 网络训练、预测结果

在露天煤矿实际生产中,2015 年 11 月拉斗铲实际生产能力为 1.58 Mm³,比预测值 1.53 Mm³ 大 0.05 Mm³,单斗卡车辅助剥离量为 0.64 Mm³,超额完成任务。

参 考 文 献

[1] 阿尔先捷夫. 露天采矿定律[M]. 时裕谦,译. 徐州:中国矿业大学出版社,1991.

[2] 白润才,孙磊,吴东海,等. 拉铲倒堆工艺采掘带宽度优化研究[J]. 金属矿山,2014(12):49-52.

[3] 北京矿冶研究院采矿室. ЭШ4/40 吊斗铲无运输开采方法的研究[J]. 有色金属,1964(10):14-19.

[4] 边克信,刘殿中. 条形药包抛掷爆破的试验和设计方法[J]. 金属矿山,1983(5):20-23.

[5] 才庆祥,彭世济,张达贤. 露天矿采剥工程可靠性模拟模型参数研究[J]. 中国矿业,1996,5(5):29-33.

[6] 才庆祥,周伟,彭洪阁,等. 厚覆盖层下拉斗铲剥离与半连续采煤系统的可靠性[J]. 煤炭学报,2009,34(11):1456-1459.

[7] 陈庆凯,李贵臣,李克民. 某露天煤矿高台阶抛掷爆破地震效应监测与分析[J]. 爆破器材,2008,37(6):30-33.

[8] 陈庆凯,朱万成. 预裂爆破成缝机理及预裂孔间距的设计方法[J]. 东北大学学报(自然科学版),2011,32(7):1024-1027.

[9] 陈树召,才庆祥,马军,等. 露天矿应用拉斗铲倒堆工艺影响因素分析[J]. 煤炭工程,2007,39(10):70-73.

[10] 陈树召,才庆祥,尚涛,等. 基于产量最大化目标的采掘带宽度优化模型[J]. 采矿与安全工程学报,2011,28(1):105-108.

[11] 陈树召. 拉斗铲无运输倒堆工艺下运煤系统优化研究[D]. 徐州:中国矿业大学,2008.

[12] 成晓升,余军合,战洪飞. 基于 NSGA Ⅱ 的齿轮减速器多目标优化研究[J]. 机电工程,2014,31(5):568-572.

[13] 程鹏,肖双双. 黑岱沟露天煤矿拉斗铲扩展平盘高度确定[J]. 煤炭工程,2015,47(6):14-17.

[14] 戴俊,杨永琦. 光面爆破相邻炮孔存在起爆时差的炮孔间距计算[J]. 爆炸

与冲击,2003,23(3):253-258.

[15] 戴俊.柱状装药爆破的岩石压碎圈与裂隙圈计算[J].辽宁工程技术大学学报(自然科学版),2001,20(2):144-147.

[16] 丁小华,李克民,狐为民,等.基于非线性理论的抛掷爆破爆堆形态预测[J].中国矿业大学学报,2012,41(5):764-769.

[17] 董宝弟,李凤祥.创建我国露天煤矿吊斗铲倒堆开采程序[J].煤炭工程,2006,38(2):8-10.

[18] 傅洪贤,李克民.露天煤矿高台阶抛掷爆破参数分析[J].煤炭学报,2006,31(4):442-445.

[19] 傅洪贤,张幼蒂.露天煤矿中的爆破剥离技术[J].中国矿业,2001,10(2):38-40.

[20] 高荫桐,龚敏,谭权,等.定向爆破抛掷距离与最小抵抗线关系研究[J].爆破,2004,21(3):1-4.

[21] 高荫桐,孟海利,刘殿中.集中药包和分集药包爆破效果的试验研究[J].工程爆破,2004,10(1):59-62.

[22] 高荫桐,谭权,龚敏.条形药包与分集药包可比性研究[J].煤炭工程,2004,36(10):45-47.

[23] 高荫桐,田运生,杨仕春,等.平面药包爆破抛掷规律的试验研究[J].工程爆破,2004,10(2):13-16.

[24] 郭昭华.露天煤矿无运输倒堆开采技术及应用研究[M].北京:煤炭工业出版社,2012.

[25] 姬长生.我国露天煤矿开采工艺发展状况综述[J].采矿与安全工程学报,2008,25(3):297-300.

[26] 金智求,贾键.无运输倒堆工艺在我国应用前景分析[J].阜新矿业学院学报(自然科学版),1989,8(1):1-9.

[27] 李东印.科学采矿评价指标体系与量化评价方法[D].焦作:河南理工大学,2012.

[28] 李汇致.论我国露天煤矿拉斗铲倒堆工艺应用前景[J].煤炭工程,2007,39(8):14-17.

[29] 李克民,郭昭华,张勇.露天矿抛掷爆破技术研究及应用[M].北京:煤炭工业出版社,2011.

[30] 李克民,狐为民,任占营.露天矿爆破数字化综合处理系统开发及应用[M].北京:煤炭工业出版社,2011.

[31] 李克民,马军,张幼蒂,等.拉斗铲倒堆剥离工艺及在我国应用前景[J].煤

炭工程,2005,37(10):46-48.

[32] 李克民,张幼蒂,傅洪贤.露天煤矿抛掷爆破参数分析[J].采矿与安全工程学报,2006,23(4):423-426.

[33] 李祥龙,何丽华,栾龙发,等.露天煤矿高台阶抛掷爆破爆堆形态模拟[J].煤炭学报,2011,36(9):1457-1462.

[34] 李祥龙,刘殿书,何丽华,等.露天煤矿的台阶高度对抛掷率的影响[J].爆炸与冲击,2012,32(2):211-215.

[35] 李祥龙.高台阶抛掷爆破技术与效果预测模型研究[D].北京:中国矿业大学(北京),2010.

[36] 李祥龙.孔距、排距对高台阶抛掷爆破抛掷率的影响[J].北京理工大学学报,2011,31(11):1265-1269.

[37] 梁冰,孙维吉,杨冬鹏,等.抛掷爆破对内排土场边坡稳定性影响的试验研究[J].岩石力学与工程学报,2009,28(4):710-715.

[38] 凌伟明.光面爆破和预裂爆破破裂机理的研究[J].中国矿业大学学报,1990,19(4):79-87.

[39] 刘干,李克民,肖双双,等.露天煤矿抛掷爆破有效抛掷率预测[J].金属矿山,2014(4):65-69.

[40] 刘希亮,赵学胜,陆锋,等.基于 GA-SVM 的露天矿抛掷爆破抛掷率预测[J].煤炭学报,2012,37(12):1999-2005.

[41] 骆中洲.露天采矿学[M].徐州:中国矿业学院出版社,1986.

[42] 马军,才庆祥,陈树召,等.复合煤层条件下拉斗铲作业方式优化研究[J].采矿与安全工程学报,2006,23(2):155-158.

[43] 马军,才庆祥,周伟,等.露天煤矿拉斗铲作业对煤层厚度变化影响[J].辽宁工程技术大学学报,2006,25(5):662-665.

[44] 马军,李克民.抛掷爆破与拉斗铲倒堆工艺研究[J].中国矿业,2003,12(7):44-46.

[45] 马军.厚煤层条件下拉斗铲无运输倒堆工艺应用研究[D].徐州:中国矿业大学,2006.

[46] 马力,李克民,丁小华,等.抛掷爆破岩体抛掷距离影响因素研究[J].工程爆破,2013,19(增刊1):50-53.

[47] 马力,李克民,彭洪阁,等.露天煤矿倒堆条件下底部薄煤层柱式回采工艺研究[J].采矿与安全工程学报,2015,32(1):73-77.

[48] 马力.近水平露天煤矿抛掷爆破条件下多煤层开采关键技术研究[D].徐州:中国矿业大学,2015.

[49] 梅晓仁,王永军.拉铲倒堆开采工艺推土机降段高度优化[J].辽宁工程技术大学学报(自然科学版),2009,28(3):355-358.

[50] 梅晓仁,张瑞新.拉铲倒堆开采工艺优化系统在露天煤矿的应用[J].煤炭科学技术,2009,37(5):34-37.

[51] 梅晓仁.拉铲倒堆开采工艺优化系统及其应用[J].煤炭学报,2010,35(增刊1):59-62.

[52] 潘井澜.北美露天煤矿开采中抛掷爆破法的应用[J].世界煤炭技术,1993(10):19-22.

[53] 潘井澜.抛掷爆破在露天台阶式采矿中应用的探讨[J].化工矿山技术,1992,21(6):1-4.

[54] 彭洪阁,邓有燃,周伟,等.煤层倾角对拉斗铲倒堆工艺的影响研究[J].采矿与安全工程学报,2009,26(3):363-366.

[55] 钱鸣高,缪协兴,许家林,等.论科学采矿[J].采矿与安全工程学报,2008,25(1):1-10.

[56] 钱鸣高,许家林,缪协兴.煤矿绿色开采技术[J].中国矿业大学学报,2003,32(4):343-348.

[57] 钱鸣高,许家林.煤炭工业发展面临几个问题的讨论[J].采矿与安全工程学报,2006,23(2):127-132.

[58] 璩世杰,毛市龙,吕文生,等.一种基于加权聚类分析的岩体可爆性分级方法[J].北京科技大学学报,2006,28(4):324-329.

[59] 尚涛,才庆祥,张幼蒂,等.我国大型露天煤矿若干生产工艺问题分析[J].中国矿业大学学报,2005,34(2):138-142.

[60] 尚涛,张幼蒂,李克民,等.露天煤矿拉斗铲倒堆工艺运煤系统优化选择:露天矿倒堆剥离开采方法系列论文之三[J].中国矿业大学学报,2002,31(6):571-574.

[61] 尚涛,周伟,才庆祥,等.厚覆盖层拉斗铲倒堆工艺下采煤系统稳定性[J].采矿与安全工程学报,2010,27(2):175-178.

[62] 孙文彬,刘希亮,王洪斌,等.基于MIV的抛掷爆破影响因子权重分析[J].中国矿业大学学报,2012,41(6):993-998.

[63] 汪义龙,赵春涛,董星,等.露天煤矿高台阶抛掷爆破相似模型试验研究[J].工程爆破,2007,13(4):20-23.

[64] 王平亮.吊斗铲倒堆工艺系统动态调整方法研究[J].露天采矿技术,2010,25(5):1-4.

[65] 王喜富,董宝弟.试论电铲效率与采宽的关系[J].东北煤炭技术,1995(1):

17-19.

[66] 王忠强.露天煤矿拉斗铲台阶稳定性与合理参数研究[D].北京:中国矿业大学(北京),2010.

[67] 王忠强.露天煤矿拉斗铲台阶稳定性与合理参数研究[D].北京:中国矿业大学(北京),2010.

[68] 杨荣新,曾昭红.中国露天采煤工艺的发展方向[J].煤炭学报,1993,18(1):11-19.

[69] 伊良忠,章超,裴峥.广义回归神经网络的改进及在交通预测中的应用[J].山东大学学报(工学版),2013,43(1):9-14.

[70] 于亚伦,高焕新,张云鹏,等.用弹道理论模型和 Weibull 模型预测台阶爆破的爆堆形态[J].工程爆破,1998,4(2):1-6.

[71] 张敏.约束优化和多目标优化的进化算法研究[D].合肥:中国科学技术大学,2008.

[72] 张平宽.黑岱沟露天煤矿拉斗铲倒堆工艺与单斗-卡车间断工艺的经济性比较[J].露天采矿技术,2013,28(10):25-27.

[73] 张奇.爆破抛掷初速度的数值计算[J].有色金属(矿山部分),1992,44(4):33-36.

[74] 张瑞新,王忠强,吴多晋,等.露天煤矿拉斗铲作业台阶安全稳定性分析[J].煤炭科学技术,2010,38(6):1-5.

[75] 张维世.拉斗铲倒堆工艺露天煤矿采区转向关键技术研究[D].徐州:中国矿业大学,2013.

[76] 张幼蒂,傅洪贤,王启瑞,等.抛掷爆破与剥离台阶开采参数分析:露天矿倒堆剥离开采方法系列论文之四[J].中国矿业大学学报,2003,32(1):27-30.

[77] 张幼蒂,郭昭华,杨云浩,等.倒堆剥离拉斗铲规格选择:露天矿倒堆剥离开采方法系列论文之二[J].中国矿业大学学报,2002,31(5):341-343.

[78] 张幼蒂,李克民,尚涛,等.露天矿倒堆剥离工艺的发展及其应用前景:露天矿倒堆剥离开采方法系列论文之一[J].中国矿业大学学报,2002,31(4):331-334.

[79] 张幼蒂,李克民,尚涛,等.露天矿拉斗铲倒堆剥离工艺系统的优化决策[J].露天采矿技术,2005,20(6):1-5.

[80] 周伟,才庆祥,李克民.露天煤矿抛掷爆破有效抛掷率预测模型[J].采矿与安全工程学报,2011,28(4):614-617.

[81] 周伟,才庆祥,尚涛.拉斗铲倒堆综合开采工艺的配合模式[J].采矿与安全

工程学报,2013,30(2):285-288.

[82] 周伟.露天煤矿抛掷爆破拉斗铲倒堆与时效边坡多参数耦合机理[D].徐州:中国矿业大学,2010.

[83] ANANDAKRISHNAN S,TAYLOR S R,STUMP B W. Quantification and characterization of regional seismic signals from cast blasting in mines:a linear elastic model[J]. Geophysical journal international,1997,131(1):45-60.

[84] BAAFI E Y,MIRABEDINY H,WHITCHURCH K. Computer simulation of complex dragline operations[J]. International journal of surface mining,reclamation and environment,1997,11(1):7-13.

[85] CHIRONIS N P. Stripping methods compete at mountaintop removal sites[J]. Coal age,1985,90(12):59-62.

[86] COBCROFT T. Virtual reality for dragline planners[J]. Coal age,2007,112(3):22-26.

[87] CORKE P,WINSTANLEY G,DUNBABIN M,et al. Dragline automation:experimental evaluation through productivity trial[M]//Springer Tracts in Advanced Robotics. Berlin,Heidelberg:Springer Berlin Heidelberg,2006.

[88] DEB K,PRATAP A,AGARWAL S,et al. A fast and elitist multiobjective genetic algorithm:NSGA-Ⅱ[J]. IEEE transactions on evolutionary computation,2002,6(2):182-197.

[89] DEMIREL N,FRIMPONG S. Dragline dynamic modelling for efficient excavation[J]. International journal of mining,reclamation and environment,2009,23(1):4-20.

[90] DEMIREL N. Effects of the rock mass parameters on the dragline excavation performance[J]. Journal of mining science,2011,47(4):441-449.

[91] DING X H,LI K M, MA L,et al. An analysis of key factors influencing the effects of casting blast[J]. Disaster advances,2013,6(3):62-73.

[92] DING X H,LI K M,XIAO S S,et al. Analysis of key technologies and development of integrated digital processing system for cast blasting design[J]. Journal of Central South University,2015,22(3):1037-1044.

[93] DUPREE P D. Applied drilling and blasting technique for blast casting at Trapper mine-potential to save on overburden removal[J]. Mining engineering,1987,39(1):13-15.

[94] ERDEM B, DOAN T. Spoil room utilization in dragline stripping[J]. Journal of scientific & industrial research,2009,68(3):217-228.

[95] ERDEM B,DURAN Z,ÇELEBI N. A model for direct dragline casting in a dipping coal-seam[J]. Journal of the South African institute of mining and metallurgy,2004,104(1):9-16.

[96] ERDEM B, DURAN Z, ÇELEBI N. Pullback mode dragline stripping in dipping coal seam[J]. Mineral resources engineering,2002,11(1):17-34.

[97] ERDEM B, DURAN Z. A model for extended bench casting in dipping coal seam [J]. Journal of scientific and industrial research, 2007, 66: 435-443.

[98] ERDEM B,DÜZGÜN H S B. Dragline cycle time analysis[J]. Journal of scientific and industrial research,2005,64(1):19-29.

[99] GILEWICZ P. International dragline population matures[J]. Coal age, 2000,105(6):338-344.

[100] KANCHIBOTLA S S,SCOTT A. Application of baby deck initiation to reduce coal damage during cast blasting[J]. International journal of mining,reclamation and environment,2000,14(1):75-85.

[101] KENNEDY J,EBERHART R. Particle swarm optimization[C]//Proceeding of the IEEE. International Conference on Neural Networks. Perth:[s. n.],1995.

[102] KOMLJENOVIC D,BOGUNOVIC D,KECOJEVIC V. Dragline operator performance indicator[J]. International journal of mining, reclamation and environment,2010,24(1):34-43.

[103] KYLE J,COSTELLO M. Comparison of measured and simulated motion of a scaled dragline excavation system[J]. Mathematical and computer modelling,2006,44(9/10):816-833.

[104] LI L,YU G M,CHEN Z Y,et al. Discontinuous flying particle swarm optimization algorithm and its application to slope stability analysis[J]. Journal of Central South University of Technology, 2010, 17 (4): 852-856.

[105] MA G W,AN X M. Numerical simulation of blasting-induced rock fractures[J]. International journal of rock mechanics and mining sciences, 2008,45(6):966-975.

[106] MA L,LI K M,DING X H,et al. Transition method of perpendicular

mining districts in surface coal mine based on combined mining technology[J]. Electronic journal of geotechnical engineering,2013,18:5085-5093.

[107] MARK L B,JERRY R K. Dragline stripping methods enhanced by explosives casting at Bridger Coal Mine[J]. Mining engineering,1991,43(4):392-394.

[108] MARTIN R L,KING M G. The efficiencies of cast blasting in wide pits[J]. Coal age,1995,100(9):33-34.

[109] MCINNES C H,MEEHAN P A. Trajectory optimization of a mining dragline using the method of Lagrange multipliers[J]. International journal of robust and nonlinear control,2011,21(14):1677-1692.

[110] MEEHAN P A,AUSTIN K J. Prediction of chaotic instabilities in a dragline bucket swing[J]. International journal of non-linear mechanics,2006,41(2):304-312.

[111] NAIDU H G,SINGHAL R K,CLAUSEN G,et al. The potential for cast blasting in Canadian surface mines[J]. International journal of surface mining,reclamation and environment,1987,1(4):243-249.

[112] NAIDU H G,SINGHAL R K. Experience with cast blasting in Canadian surface coal mines[J]. International journal of surface mining,reclamation and environment,1989,3(1):51-58.

[113] RAI P,TRIVEDI R. Cycle time and idle time analysis of draglines for increased productivity-a case study[J]. Indian journal of engineering and materials sciences,2000,7(2):77-81.

[114] RAI P. Performance assessment of draglines in opencast mines[J]. Indian journal of engineering and materials sciences,2004,11(6):493-498.

[115] RIDLEY P,ALGRA R. Dragline bucket and rigging dynamics[J]. Mechanism and machine theory,2004,39(9):999-1016.

[116] ROBERTS J,WINSTANLEY G,CORKE P. Three-dimensional imaging for a very large excavator[J]. The international journal of robotics research,2003,22(7/8):467-477.

[117] SHI Y H,EBERHART R C. Parameter selection in particle swarm optimization[M]//Lecture Notes in Computer Science. Berlin,Heidelberg:Springer Berlin Heidelberg,1998.

[118] SMITH B,WATTS R. Selecting a new dragline[J]. World coal,2001,10

(3):43-47.

[119] SPECHT D F. A general regression neural network[J]. IEEE transactions on neural networks,1991,2(6):568-576.

[120] UZGOREN N,UYSAL O,ELEVLI S,et al. Reliability analysis of draglines' mechanical failures[J]. Eksploatacja i niezawodnosc-maintenance and reliability,2010,12(4):23-28.

[121] VALGMA I. An evaluation of technological overburden thickness limit of oil shale open casts by using draglines[J]. Oil shale,1998,15(2):134.

[122] WINSTANLEY G,USHER K,CORKE P,et al. Field and service applications - dragline automation- a dedade of development - shared autonomy for improving mining equipment productivity[J]. IEEE robotics & automation magazine,2007,14(3):52-64.

[123] XIAO S S,WANG H S,DONG G W. A preliminary study on the design method for large-diameter deep-hole presplit blasting and its vibration-isolation effect[J]. Shock and vibration,2019,2019:2038578.

[124] ZHANG W S,CAI Q X,CHEN S Z. Optimization of transport passage with dragline system in thick overburden open pit mine[J]. International journal of mining science and technology,2013,23(6):901-906.

[125] ZHOU W,CAI Q X,CHEN S Z. Study on dragline-bulldozer operation with variations in coal seam thickness[J]. Journal of China University of Mining and Technology,2007,17(4):464-466.